卖场规划与设计

主　编　李卫华　王孟强
副主编　张伟杰　张家骁

南京大学出版社

内容提要

本书根据高等职业教育的教学特点，借鉴和吸收连锁经营领域有关卖场规划与设计的最新成果，在总结多年卖场规划与设计课程教学经验的基础上编写而成。

全书共分九个学习单元：卖场外部规划、卖场内部规划、卖场货位布局、客动线调研、卖场氛围塑造、超市商品陈列、服装陈列设计、色彩陈列搭配、橱窗陈列设计。在写作方法上，力求概念准确，层次清晰，突出重点，简明扼要。

本书可作为高等职业院校、高等专科学校连锁经营管理和经济贸易类专业的教材使用，也可供连锁企业从业人员学习参考。

图书在版编目(CIP)数据

卖场规划与设计 / 李卫华，王孟强主编. —南京：南京大学出版社，2014.12

ISBN 978-7-305-14564-3

Ⅰ. ①卖… Ⅱ. ①李… ②王… Ⅲ. ①商店—室内装饰设计 Ⅳ. ①TU247.2

中国版本图书馆 CIP 数据核字(2015)第 002739 号

出版发行 南京大学出版社
社　　址 南京市汉口路 22 号　　邮　　编 210093
出 版 人 金鑫荣

书　　名 卖场规划与设计
主　　编 李卫华　王孟强
责任编辑 曹晓玉　王抗战　　编辑热线 025-83596997

照　　排 江苏南大印刷厂
印　　刷 宜兴市盛世文化印刷有限公司
开　　本 787×1092　1/16　印张 10.5　字数 248 千
版　　次 2014 年 12 月第 1 版　2014 年 12 月第 1 次印刷
ISBN 978-7-305-14564-3
定　　价 22.00 元

网　　址：http://www.njupco.com
官方微博：http://weibo.com/njupco
官方微信号：njupress
销售咨询热线：(025)83594756

前　言

我国连锁行业快速发展，目前已经从规模竞争转向了内涵建设，竞争白热化，随之而来的是大量的人才缺口。我们在服务企业的过程中发现，一边是学生就业起薪低，另一边却是高薪挖角。作为一名教育工作者，我时常在想如何在学校期间就给学生打好基础，尽量帮助学生缩短从“低起薪”到“被挖角”的距离。除了课堂教学之外，好的教材也是一个惠及更多学生的方法。

本书试图站在购物者行为分析的高度，结合编者多年来的实战经验，来主要阐述规划设计的两个核心问题：布局规划与陈列设计。目前，国内连锁企业负责卖场规划与设计的工作人员大多来自建筑或艺术设计行业，可以说他们具有一定的专业优势，但都缺乏一种东西，那就是对购物者行为的了解，所以在工作中看上去能够很快进入角色，却经常出现各种方向性错误，这一问题必须由商业管理专业的人员来解决，这也正是本书的立足点所在。本书坚持“实践第一、能力为主”的原则，充分吸收“项目化课程开发”、“理实一体化”及“典型工作任务导向”等高等职业教育教学改革最新成果，依据“适度、够用”的理念，教材内容在工作过程整合的基础上编写而成。本书内容既注重基本知识点的描述，更注重知识的实际应用，力求概念准确、层次清晰、重点突出、简明扼要、通俗易懂。在每单元之后附有各类练习题，供巩固所学知识、提高自学能力之用。

本书由江苏经贸职业技术学院李卫华老师，商业地产专家、深圳涵宇联合商业机构王孟强总经理进行了全书的总体设计和后期的整理统稿工作，李卫华老师同时完成了单元一、单元二、单元三、单元四、单元五的编写工作，张家骁老师完成了单元六、单元七的编写工作，张伟杰老师完成了单元八、单元九的编写工作。本书在编写过程中参阅了国内外一些重要文献以及同行专家的论文和专著，得到了福建东百集团总裁助理陈继展先生及南京大学出版社王抗战编辑的热情帮助和支持，在此一并表示衷心的感谢。

由于时间和作者的水平有限，书中难免有疏漏和不当之处，恳请专家、读者批评指正。

编　者

2014 年 10 月

目　录

单元一：卖场外部规划

一、学习目标

（一）能力目标

1. 能够对大型门店前方设施提出合理化建议；
2. 能够对小型门店前方设施进行合理规划；
3. 能够对门店外立面设计提出改进建议；
4. 能够对门店的停车场提出改进建议；
5. 能够对门店的出入口设计提出改进建议。

（二）知识目标

1. 熟悉购物者购物行为过程；
2. 熟悉门店规划的四大原则；
3. 熟悉前方设施规划的着眼点；
4. 熟悉提升进店率的着眼点。

二、任务导入

华润苏果光华路购物广场（如图1－1所示），客流进入门店不够流畅，作为学生顶岗实习的实训基地，专业老师组织学生实地考察其外部设计，为卖场外部规划提出改进建议。

图1－1　华润苏果光华路购物广场

注意:老师可以选取有各种代表性的店铺(便利店、标准超市、大卖场、百货公司、专卖店等)进行比较分析,以反映不同类型的卖场在外部设计方面的特点,为学生以后审核外部设计图纸打好基础。如果学校周边已经有相关的商业地产项目,老师可以直接选择该项目作为训练载体,请学生以小组的形式对该商业地产项目的外部动线规划、客流量提升提出合理化建议。

三、相关知识

一般来说,卖场外部设计会由专业的设计公司负责,所以对于连锁企业的开发人员而言,关键的问题是将卖场的经营定位以及卖场外部影响到卖场运营的服务设施等信息准确地传达给设计公司,涉及卖场外动线规划的内容需要与建筑设计公司沟通,外立面的整体效果需要与装潢设计公司沟通,并对二者的设计方案进行审核。在商业经营过程中,经营者常会遇到如何提升进店率的问题,很多时候造成种种问题的原因竟然就是因为门店外观状况不尽如人意。入口处寂静无声,毫无生气,再加上招牌破烂不堪,有些地方的油漆也开始脱落。很难想象这样的卖场会有多少顾客光顾,更谈不上生意兴隆。卖场外部设计具有非常重要的意义,当然卖场规划首先是门店规划的一部分,卖场的外部规划也将从门店规划谈起。

(一) 门店规划的意义和原则

1. 门店规划的意义

(1) 顾客购物的要求

门店的经营观念已从以往“销售商品的场所”转换为“满足顾客欲望的场所”。人们日常生活所需是有限的,但欲望却是无限的,成功的门店懂得营造一个气氛最适合的“场所”,让顾客在其中尽情地享受购物的乐趣,在不知不觉中选购更多的商品。

(2) 门店运营的要求

在国内,很多建筑设计人员由于对商业不够了解以及商业地产项目定位问题,导致建筑与特定业态的匹配性较差,在这种情况下,卖场规划所受到的限制就比较多,如出入口的位置不对或太小、消防设施阻碍了动线、天花板太低、空调和冷冻冷藏设施等所产生的障碍,甚至建筑法令的限制等,都带来了卖场规划上的不便。卖场规划牵涉许多相关的土木工程、水电工程、安全设施工程等,一旦设计不合理而需要重新整改,就会造成营业上极大的损失,将比开店前的装修工作更为艰难。因此在开业前必须对卖场进行科学规划,哪怕是放慢速度,也必须慎重。

2. 门店规划的原则

如果把进入门店的顾客群看做消费流,把门店看做以入口为起点、出口为终点的连接二者的消费通道,那么最佳的门店规划是科学组织消费通道,使消费流合理流动,促进消费的实现。具体而言,门店规划中要掌握如下原则。

(1) 让顾客容易进入,提升进店率

门店经营者必须注意,商品再丰富、服务再出色、价格再有竞争力,但如果顾客不愿进来或不知道怎样进来,一切努力都将是白费,只有让顾客进来了,才是生意的开始,才创造了营业的客观条件。

(2) 让顾客走过每一个区域，提高通过率

门店规划应当吸引顾客在店里转一圈，使卖场内所有商品的陈列都能让顾客看得见、摸得着，以便让其购买比事先计划更多的商品。具体方法就是使顾客置身于一种精心设计的布局中。例如，有些商店把顾客购买频率高的商品放在商店最里面，使得顾客不得不穿过其他区域，避免了商店出现客流死角。

(3) 让顾客停留得更久，增加成交机会

为买特定的某些商品而到店里去的顾客数量大约只占顾客总数的30%，换句话说，在顾客所采购的商品中，有70%是属于冲动性的购买。顾客本来不想购买一些商品，但受到商品内容、店员推销、商品包装或正在举办的特卖活动等因素的影响而决定购买，所以顾客在卖场停留越久，所受的影响就越多，就越可能购买。

(4) 在顾客愉悦空间与商品展示空间之间取得平衡

门店都希望将有限的空间用来展示更多的商品，以增加营业额、降低单位租金成本。然而在消费意识越来越强的时代，顾客的认同已从单独的商品转移到了对门店的整体形象认同，所以随着消费需求的多元化、现代经营模式的更新，大多数门店在营业场所中设置顾客休息场所。有些门店还借助于室内造园的手法，在大厅摆放异石、花草，布置喷泉流水，满足人们回归自然的心理需求。这些虽然让顾客更舒服，却也都占用了一部分商品展示空间，所以一定要在顾客愉悦空间与商品展示空间合理分配。

（二）门店规划设计流程

1. 规划设计阶段

门店规划设计作业分为准备阶段、企划构想、规划设计、施工设计四个步骤。

(1) 准备阶段

首先了解门店新设立或改装的各项因素，并掌握商圈环境的主客观条件，着手汇集开店的各种信息与计划，如门店规模、经营形态、商品构成、开办预算、开业日期、市场相关信息与流行趋势等。然后丈量现场实际尺寸，除了测量卖场的正确面积之外，各项设施及建筑结构，如墙、窗、门、梯、楼高、梁柱、消防栓、配电箱等，都应记录其详细尺寸，丈量越仔细，设计就越精准，施工也越顺利。

(2) 企划构想

分析研究第一阶段所准备的资料及数据，同时参考和比对相关案例的设计，重新提出符合门店风格的设计企划，并将此构想以图表、图片或模型的形式具体显示，进行沟通讨论，以拟定明确的设计方向。

(3) 规划设计

本阶段是依照基本的企划构想，将有形的物体，以正确的比例和尺寸的图文符号明示的作业，此作业内容包括建筑物及周边设施的规划、结构材质及公共安全设施规划、卖场空间设计及设备配置、商品配置陈列及顾客动线设计、卖场形象塑造及促销气氛营造设计等，这些设计内容在此阶段以详细平面图阐明整个门店基本形态和机能，尤

其各部空间的搭配与合理性及材质适用与经济性，都应审慎评估、讨论后明确标示于图面上。

(4) 施工设计

施工设计是设计作业流程的最后阶段，主要以基本的规划设计为基础，进一步将所规划的卖场的相关内容，更细致地以不同角度的图示技巧和文字说明，表现更清楚的作业内容，使施工者有更明细精确的执行依据。施工设计着重于工程制作方法、设备器材厂牌规格尺寸、机能功效说明、材料明细颜色明示等，甚至提示样品目录以表达设计的原意，如提示装潢所用的样品，可明确表达所需要材质的规格尺寸及颜色。此外，有关设备的施工设计作业，应特别说明机器的机能、安全性能及特殊施工方式。例如，冷冻冷藏设备的使用温度、电流电压容量、机器配置规划及配管配线设计、使用说明等，都是非常重要的施工设计事项。

2. 设计作业流程

一个门店的规划设计案，从汇集数据到确立设计观点与理念，再到开始构思设计作业的流程应有一定的顺序，才能使规划设计更合理与完整。整个设计流程如图 1－2 所示，首先应将商品明确地按规格特性分类配置，然后安排顾客动线及计算通道，有了大体的商品配置和动线规划就可以进行整个卖场的平面配置规划，由内到外包括外场、前场和后场。确定整体平面规划之后，开始着手软硬件设施的工程计划，包括内外装潢、照明设施、设备器具、色彩材料、标示指引等计划，最后做整体总检讨，接着确定设计案交付执行作业。每一个设计要项的详细说明如表 1－1 所列，每个细节都应考虑到必要性、准确性、合理性，在施工之前审慎检讨修改，才能确保执行作业的成功。

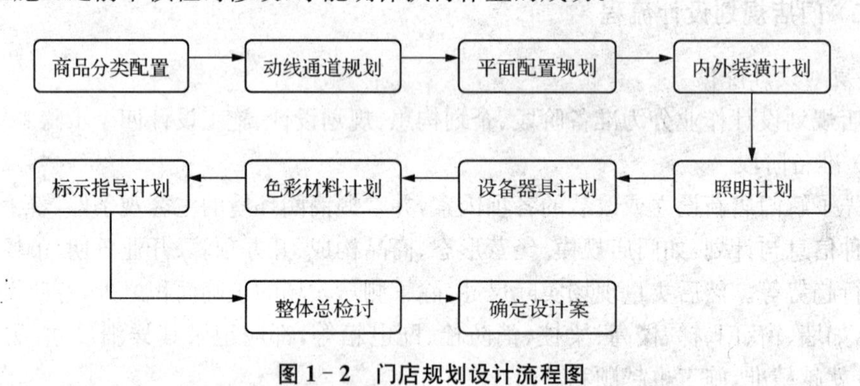

图 1－2 门店规划设计流程图

表 1－1 门店规划设计流程要项说明表

设计要项	要项说明
商品分类配置 (货位布局)	依照产品线(单件、组合、系列、色样等)、消费习性、产品保存温度带、尺寸重量等分类，安排商品摆放陈列的位置。(此内容单独设计在下一个任务中)
动线通道规划	依照消费者行为及习性，从卖场外引导顾客到卖场内的每一商品区。考虑购买连续性和服务的动线，及进出补货商品的通路，更应减少卖场死角和通路阻塞问题，详细计算主通道、副通道、特别区的适当尺寸。

续表

设计要项	要项说明
平面配置规划	从卖场外的引导设备区如停车场、展示橱窗、壁柱、出入口,然后由店内的寄物服务台、购物篮车、收银包装柜台、货物架商品区、冷冻冷藏展示柜(含其他设备器具)配置、通道宽幅尺寸、促销展售、照明配置,一直到后场配置(行政办公、食品作业处理、验货仓库、电器设备机房)作一整体性的平面规划配置。
卖场内外装潢计划	包含整地填平或改装原建筑物、卖场外观、广告招牌、地板、出入口、墙壁柱面、天花板等材质颜色造型和施工设计,各项细部装潢计划都应考虑整体的协调性以符合商品陈列和消费需求之机能。
照明计划	首先设定卖场所有照明的需求及用电量计算,包括环境照明、重点照明、专用照明、装饰照明,然后考虑灯具造型、照度分布与空间格局的协调性,使之能表现卖场气氛与商品最佳展示效果。
设备器具计划	分成固定式及非固定式两大类,再依展示设备、电器设备、管理设备与加工作业设备审慎评估其功能、品质、规格与价格。
色彩材料计划	以企业识别的主色为基础,延伸重点色彩及装饰色彩以搭配内外装潢的材质选定,同时规划外观、招牌及宣传的色彩文案,务必考虑整体性的协调。
标示指引计划	包含指引标示(街道看板、停车场指引、店面招牌、出入口指引)、商品别标示、服务区标示、说明牌告、消防安全标示等之计划,各项标示书都含有标志识别、字体用色、材质规格等设计,其以简单明了、安全易懂、整体协调性为原则。
整体总检讨	针对以上各项流程计划的细节详加检讨,以利施工前发现问题及时改进,将及时的缺失降到最低。
确定设计案	经过检讨改进,确定符合设计之构想与理念后,明确定案设计的内容并着手规划作业流程。

(三)门店的空间划分与功能定位

1. 前方设施

前方设施即所谓的前场,要包括下列内容:外立面(包括外墙、招牌、橱窗等)、停车设施与出入口等。其主要功能为诱导及宣传,以引起顾客的注意并使其产生兴趣,继而迅速产生联想。顾客的联想一般是"我在这里可以买到什么,满足什么或享受到什么乐趣"。前面曾提及如何让顾客"很容易地进来",这"容易"两字有两个解释:第一,没有障碍、没有阻挡,当然很容易就能进来;第二,门店具有极大的吸引力,能激发顾客内心的欲望,欲望驱使顾客本身很容易地走进来。第二个解释正是前方设施最主要的功能,前方设施如能引起顾客的注意,继而使其产生兴趣,然后联想到要进来购物,其设计便算成功。

案例:进店率—提升业绩的核心

南方一座城市的著名步行街,到了晚上9点钟,街上的行人越来越少,店铺门前十分冷清,一家挨一家的店铺都在准备整理货品、做账,准备打烊休息。可有一家时尚淑女装专卖店里边却热火朝天,人声鼎沸。仔细一看,这家店铺的门口用红地毯搭起了一个临时的舞台,导购员 Tina 和 Lily 随着音乐卖力地跳着时下流行的牛仔舞。伴随着节奏感超强的音乐，几个路过的女孩子也忍不住随着音响的节奏打着节拍，轻轻地扭动。“妈妈，快看，那是真的阿姨！”随着一声清脆的童声，人们的目光转到了橱窗里边，原来，在店铺的橱窗里竟然有真人模特，几个身着新款服装的人在橱窗里模仿模特的造型一动不动。以前只在电视中看到的情节，现在出现在眼前，不由得让人好奇心膨胀。一时间，步行街上已然不多的行人全部奔涌而来，要到这家店铺看看究竟。一进门，就被热情的导购员所引领，在如火如荼的卖场中，顾客兴奋地试穿着，目不暇接地挑选着，最终拎着大包小包，依依不舍地满意而归。这是发生在一个步行街专卖店的真实案例，某咨询公司为该品牌旗舰店做业绩提升的场面。当天晚上他们营业到1点多钟，超额完成了预期以内的任务。姑且不去讨论这种方法的细节，先来看一下，为什么在晚上9点钟、步行街上人流稀少、众多商家都门可罗雀的情况下，这家店铺却依然人声鼎沸，进店率为何能够这么高？

分析：

上述时尚淑女装的店铺通过节奏强烈的音乐、创意的橱窗模特、激情昂扬的舞者，打造了一个热闹无比、人气旺盛的卖场，不断地吸引客流入店。而新颖有创意的橱窗陈列也对有购物需求的客流产生了吸引，从而让更多的人入店，进而成交一笔又一笔的销售。众所周知，只有顾客入店了，我们才有下一步进行推销的可能，接下来完成试穿、试戴、附加推销等环节，才能够完成销售。如果顾客连进都不愿意进，那接下来的工作准备都无用武之地。所以顾客的进店率是提升业绩的重中之重。

2. 中央设施

中央设施又叫卖场，也就是满足顾客购物欲望的场所。中央设施主要包括通道、陈列设施、标示设施、顾客接待设施，如服务台、收银台、卫生间、消防设施、空调设施、照明系统、音乐系统等。中央设施的主要功能是展示、陈列、销售及促进销售。在消费心理方面，是要借商品的展示陈列来激起顾客的购物欲望。顾客有了购物欲望之后，就会开始比较。如果此时有适时的促销工作，如特卖、服务人员的解说等，就更能让顾客决定购买。中央设施进一步又可划分为三类空间，分别是商品空间、卖场人员空间和顾客空间。

商品空间是指卖场中陈列展售商品的场地。而卖场空间有各式各样的形态，如柜台、橱窗、货架、平台等。设置商品空间的目的在于让顾客便于挑选商品、购买商品。卖场人员空间是指卖场人员接待顾客时所使用的地方。因为各个卖场的经营方针不同，对卖场人员的要求也就不同。有的卖场把卖场人员空间和顾客空间划分得很清楚，有的卖场人员空间则是和顾客空间相重合的。顾客空间是指顾客参观展售商品、挑选商品的地方。由于各商品卖场的设计不同，所以有些卖场将顾客空间设于卖场内部，有些则设于卖场外部，更有些卖场内部、外部都设有顾客空间。

在整个卖场的空间结构设计中，商品空间必须是抢眼的空间布置，商品必须能吸引顾客的注意力，所以卖场的室内装潢可以针对广大的商品空间进行多方面的设计，尽量使商品空间成为凸现的主题，吸引顾客进入卖场。顾客进入之后，必须使顾客空间呈现出可随意浏览的气氛。这种氛围传达给顾客的是：“敬请光临、随意浏览”、“不买也没有关系”的信息。因此顾客可以以一种镇静、闲逸的心态来面对卖场和卖场中陈列的商品，在卖场中停留的时间相应加长，在一定程度上也就增加了购买的机会。卖场面积大，当然有利于营造宽松的商品空间。但是，如果卖场面积有限，一方面卖场在布局时，可选择没有卖场人员空间的布局类型，以弥补卖场面积狭小造成的商品空间的不足；另一方面，要致力于正确服务方式的实施。也就是说，当顾客进入卖场时，如果没有要求，卖场人员最好不要立即趋前招呼，给顾客一个宽松的浏览商品的环境，让顾客能放松心情，细细挑选。

当卖场划分为三个空间时，是不是必须将每一个空间独立起来呢？其实不然，在卖场中完全可以将三个空间相结合，形成充满生机的商品空间。一般来说，卖场的商品展示方法比较简单，通常是由样品来展示。一些头脑精明的卖场经营者如今已不现固守这种单一的形式，他们在选择卖场人员时，就把商品展示考虑进去了。让卖场人员穿戴代表自己卖场特色的装束，如沃尔玛的员工一律在胸前佩戴一个笑脸的标志，还有的卖场让工作人员拿着某种商品辅以适当的演示，如此一来，会引起顾客的好奇，卖场也因此生机盎然起来。这个时候，便是所谓的三种空间的有效结合。卖场人员充当了卖场和商品展示的功能，商品空间与卖场人员空间合二为一，会令卖场人员忙碌起来，顾客被这样的活力所感染，又有好奇以推动，自然会在卖场中流连忘返了。

3. 后方设施

后方设施即所谓的后场，大部分是员工以及厂商等活动的空间，其主要功能是为员工的工作、生活以及商品的加工处理与进货提供支持，担负着对前方支援、补给以及指挥服务的责任。由于有些员工大部分时间都是在后场，故生活所需的设施不可或缺，后方设施包括作业场、仓库、办公室、生活区域等。

至于商业空间各组成部分所占的相对比例，则应根据业态类型、规模大小、目标定位等具体设定。

（四）卖场外部规划

门店的前方设施设计一般来说会由专业的设计公司来进行，所以对于连锁企业的开发人员来讲，关键的问题是将门店的经营定位以及门店外部影响到门店运营的服务设施等信息准确地传达给设计公司，涉及门店外动线规划的内容需要与建筑设计公司沟通，外立面的整体效果需要与艺术设计公司沟通，并对二者的设计方案进行审核。

1. 门店的外立面设计

在经营过程中，门店经营者经常会遇到如何提升进店率的问题，很多时候造成种种问题的原因竟然就是因为门店外观状况不尽如人意。门店外部设计具有非常重要的意义。

(1) 外立面设计概述

门店的外立面可以看成是门店给顾客的“第一印象”，它包括外墙、店名、标志、招牌、橱窗等，作为顾客初次经过门店时的首要感受，它在一定程度上决定顾客是进入该店还是匆匆经过。门店正是通过它的外立面向大众传递各种信息，包括门店的规模、档次、风格、经营特色、经营理念及各种经营主题。

① 外立面设计原则

- 突出经营特色。这是门店外立面设计的基本要求，也就是说通过外立面的设计能让路过的人从外立面的形象和风格上一眼就看出门店的经营特色。

● 与周围环境协调。门店的外立面必须与周围商业设施相区别，给顾客以鲜明醒目的形象，但也要注意造型与色彩的整体效果，不宜与周围商业环境反差过大。顾客其实对各种类型的门店有大致的形象感觉，若门店门面设计风格过于迥异，反而会使顾客不明所以然，从而影响销售。

● 装饰简洁，色彩协调。门店的外立面装饰不宜采用过多的线条分割和色彩渲染，过多的装饰会让顾客视觉疲劳，外立面的色彩要统一协调，不要采用生硬、强烈的对比，如大红配大绿等。

● 遵纪守法。门店外的灯箱、布告板、宣传栏等的设计与安装要遵守交通法规和城管条例。

② 外立面的整体风格

从整体风格来看，门店外立面主要体现为现代风格和传统风格两种形式。现代风格的外观给人以时代的气息和现代化的感觉，大多数的门店都采用现代派风格，这对大多数时代感较强的顾客具有激励作用。现代风格的门店让人有一种新鲜的感受，使之与现代高速运转的社会和谐统一，也体现了商品的潮流。如果商业街上的门店大多是现代风格的，在这里开店如采用现代风格就能与之达到和谐的效果。具有民族传统风格的外观给人以古朴典雅、传统丰厚的感觉。许多百年老店所代表的中华民族传统文化日益享誉中外，其外观装饰等都已在顾客心中形成固定模式，所以，用传统的外观风格更能吸引顾客。如果门店经营的是有民族特色的商品，如旗袍类服饰、民族工艺品等，则可采用传统风格，开在古朴的商业街中的门店，也可采用与整体风格相一致的传统风格。天津“古文化街”的沿街建筑的外观全部采用中国传统的北方民宅建筑风格，使国内外观光购物者尽览中华古朴民俗的风韵，在这里开办门店采用传统风格外观收到了良好效果。

③ 外立面的主要材质

很多开发商青睐的玻璃幕墙和窗户，对于外立面可以说是华而不实，最终的命运都是被封起来。首先，很多门店尤其大商场的这个墙面都是要做壁柜挂货的；其次，很多门店不需要自然光，自然光会影响室内灯光对商品的衬托效果；再次，强烈的阳光照射进来，时间长了会使商品褪色。所以，与其花费不菲的金钱做玻璃幕墙的外立面，倒不如多花心思设计漂亮时尚的橱窗。橱窗是门店的眼睛，好的门店一定有好的橱窗，好的橱窗设计对提升门店的形象和档次能够起到不可思议的神奇作用。

外立面还包括夜景效果、挂件预埋。开业、店庆、节假日的时候，许多门店一般都要策划促销庆祝等活动，需要在外立面上挂很多吊旗、气球、条幅等，这就要求外立面一定要把预埋件做好，一挂即成，切忌临时钉钉子，把外立面都破坏了。曾有一家大卖场，外立面装修得非常漂亮，使用的是800多元/平方米的日本进口铝塑板，开业的时候却发现条幅挂不上去，只得花两天时间重新做，昂贵的铝合板弄坏了很多。

(2) 门店标志和招牌设计

门店标志和招牌的设计与安装必须做到新颖、醒目、简明，既美观大方，又能引起顾客注意。因为门店标志和招牌本身就是具有特定意义的广告。

① 门店标志设计

门店名称是一种抽象的概念，而门店标志是一种具体可见的企业图案。一个出色、完美的门店标志，要有与众不同的优美感、鲜明感。门店标志设计可以对门店名称进行再创造，但与门店名称应该相互联系，相互补充，这样才能使形与义产生最佳组合效果。

门店商标图案设计得好，不仅对门店门面起到美化作用，增进顾客的兴趣，强化对门店的记忆，还能帮助人们了解和辨别该门店的性质和特色，展示门店经营者的经营理念与形象。一般来说，表现标志图案的外形有以下三种情况：

第一，表音图案，如英文字母、汉字、阿拉伯数字、标点等。如雪儿时装店有 X，即汉语拼音的第一个字母作标志图案，还有迪奥(Dior)、威丝曼(WSM)等。

第二，表形符合，即通过几何图案或象形图案来做标志，一般形象性较强。如耐克(Nike)商标，图案简洁，便于人们记忆。

第三，图画图案，即直接用图画作为标志图案。由于它对媒体的适应性较低，一般不常用，但是如果用做儿童类商品的商标，则往往能给人以可爱的印象，如奥特曼玩具。

② 门店招牌设计

随着时代的发展，招牌的种类越来越多样化了，已从单纯写门店名称向广告化的方向发展，门店的周围所有的部分都能被利用来安置招牌。目前国内外流行的门店招牌大致有以下一些种类。

第一，屋顶招牌。位于楼宇中的门店，为了诱导顾客，使顾客从远处便能看见门店，就在屋顶上竖起一个广告塔，它不仅可以用来宣传自己的门店，同时也可与厂商合作，用来做商品广告。当然这个商品必须是门店的主打产品。

第二，标志杆招牌。标志杆招牌是用水泥杆或长钢管将招牌矗立在门店门前。这种招牌常常用于公路或铁路两旁的门店，以远远地吸引顾客的注意，达到宣传的效果。标志杆招牌主要是为了告诉来往行人门店的名号和基本的服务内容是什么，因此醒目与简洁是首先要考虑的问题。

第三，栏架招牌。栏架招牌安置在门店所在建筑物的正面，用以表示门店名、商品名、商标等，是最重要的一种招牌。有条件的可考虑辅助设备，如设计用投光灯照明、暗藏灯照明或霓虹灯衬托，以吸引行人的注意。

第四，路边标志牌。有些门店在门前的人行道上摆放自己的标志牌，对行人的号召力很大。它可以是文字招牌，也可以是各种形象设计。例如，艾德熊、肯德基就都在店外设置了标志性动物和人物塑像。

第五，壁上招牌。位于拐角的门店，其临街的一侧往往有墙壁空间可以利用，有的用来安置商品广告，也有的仅简单地写上门店名或服务项目。因临街位置十分醒目，墙壁上招牌的效果很不错，有条件者应善加利用。

第六，其他可开发的标志牌。门店若是在带拱廊的商业街上，则可在面对车道的部分装上标志牌，也可在拱廊上垂吊一些商品模型，以引起行人的注意。有些门店为了在关门后仍能引起行人的注意，在百叶窗、卷闸门上写上门店名、商标、营业时间、经营范围和插图，这样不仅达到了宣传效果，也美化了街道。

(3) 门店橱窗设计

橱窗是指门店临街的玻璃窗，用来展览样品。橱窗是门店形象规划设计的重要组成部分。橱窗的作用在于展示门店的格调，吸引过往的行人。它不仅是外立面总体装饰的组成部分，而且是门店的第一展厅，它是以本门店所销售的商品为主，巧用布景、道具，以背景画面装饰为衬托，配以合适的灯光、色彩和文字说明，是进行商品宣传介绍的综合性广告艺术形式。

① 橱窗对顾客的影响

● 引起注意的功能

心理试验表明，当顾客漫步在繁华的商业街时，即使有明确购买目标的顾客，目光也常常是游移不定的，在走向目标门店或无目标漫步时，总是四处观望，门店外墙、招牌、橱窗等都在视线范围之内，由于近距离观看，橱窗处于最佳位置，所以最先引起注意。同时，橱窗琳琅满目的商品对视觉器官的直接刺激作用大于外立面的其他部位，因此，橱窗具有引起注意的重要功能。

● 激发兴趣的功能

橱窗的商品展示就是给人们以“耳听为虚，眼见为实”的心理感受，再加上橱窗设计的艺术手法，既能使顾客感受到使用时的情景，又能激发购买兴趣。展示商品的最大特点是在这一小范围内，以商品实物为主，配以特定的环境布景，创造某种适应顾客心理的意境，以达到宣传商品、激发顾客兴趣从而促进销售的目的。

● 暗示的功能

心理学认为，暗示是指在无对抗态度条件下，用含蓄间接的方式对人们的心理和行为产生影响。这种心理影响表现为使人们按一定的方式行动，或接受一定的信念。橱窗展示是使顾客接受某种销售暗示的有效途径。橱窗展示作为一种无声的暗示，对顾客的诱导在于对意境的遐想。也就是通过橱窗布置的小环境，使顾客看后能产生某种心理联想。如某鞋厂女式皮鞋的展示，橱窗背景是远眺的群山、绿树和缓缓流淌的小河，清清的河水中有两位窈窕淑女，手中各拿一双女式皮鞋，正在过河。橱窗内得体地摆放着几双女式皮鞋，上边写着一行秀丽而醒目的行书，“宁失礼，不湿鞋”。这一装饰或许有些夸张，但它暗示了一种舒适浪漫、回归自然的生活情趣和鞋对于妙龄少女的珍贵，也点明了这种鞋的使用对象。

② 橱窗的布置方式

橱窗的布置方式有很多种，因人因门店而异，这里只介绍几种基本方式，供大家参考。

● 综合式橱窗布置

综合式橱窗布置是将许多不相关的商品综合陈列在一个橱窗内，以组成一个完整的橱窗广告。综合式橱窗布置由于商品之间差异较大，设计时一定要谨慎，否则就会给人一种“什锦粥”的感觉。

综合式布置方法主要有横向橱窗布置、纵向橱窗布置和单元橱窗布置三种。横向橱窗布置将商品分组横向陈列，引导顾客从左向右或从右向左顺序观赏。当展示同类商品时，如都是同一种，通常使用这种方式。纵向橱窗布置将商品按照橱窗容量大小，纵向分成几个部分，从上到下依次展示，前后错落有致，便于顾客观赏，这主要适合于整套商品的展示，便于形成整体风格。单元橱窗布置用分格框架将商品分别陈列，便于顾客分类观赏，多用于小商品的展示。

● 系统式橱窗布置

大中型门店橱窗面积较大，可以按照商品的类别、性能、材料、用途等因素分别组合陈列在一个橱窗内，又可具体分为同质类、同质不同类、同类不同质和不同质不同类商品橱窗四种。同质类商品橱窗是指同一类型同一材料制成的商品组合，如不同样式的小家电组合橱窗。同质不同类商品橱窗是指同一质料不同类别的商品组合，如服装店同一质地系列的服装，可包括上衣、裤子、裙子等，设在一个专门的橱窗。同类不同质商品橱窗是指同一类别不同原料制成的商品组合，如牛仔上衣、棉制上衣、真丝上衣等组合而成的上衣专门橱窗。不同质不同类商品橱窗是指不同类别、不同制品却有相同用途的商品组合，如各式运动装的专门橱窗。

● 专题式橱窗布置

专题式橱窗布置是以一个广告专题为中心，围绕某一特定的事件，组织不同类型的商品进行陈列，向大众传达一个诉求主题。专题式陈列方式多以一个特定环境或特定事件为中心，把有关商品组合在一个橱窗。又可分为节日陈列，事件陈列和场景陈列三种。节日陈列是指以庆祝某一个节日为主题组成节日橱窗专题。如在过年时，可在橱窗中放一些红色的代表喜庆的商品，这样既突出商品，又渲染了节日的气氛。事件陈列是指以社会上某项活动为主的专门橱窗。场景陈列是指根据商品用途，把有关联性的多种商品的橱窗设置成特定场景，以诱发顾客的购买行为。

● 特写式橱窗布置

特写式橱窗布置是指用不同的艺术形式和处理方法，在一个橱窗内集中介绍某一产品，如单一商品特写陈列和商品模型特写陈列等。这类布置适用于新商品、特色商品的广告宣传，主要有以下两种形式：第一，单一商品特写陈列。在一个橱窗内只陈列一件商品，以重点推销该商品，如当门店要推出一款新上市产品时，就可将其单独陈列在橱窗中重点推出，以吸引顾客。第二，商品模型特写陈列，即有商品模型代替实物陈列。目前门店大多采用实物陈列，如果用模型，则显出其特色，更能吸引顾客。可将要放于橱窗的商品按一定比例缩小，模型的比例也缩小，将缩小的样品或模型陈列于橱窗中，既显得商品灵秀可爱，也显出门店的特色。

● 季节性橱窗布置

季节性陈列必须在季节到来之前一个月预先进行才能起到应季宣传的作用。随着季节变化要把应季商品集中进行陈列，如冬末春初的旅游用品展示，春末夏初的电风扇、空调展示。这种手法满足了顾客应季购买的心理特点，有利于扩大销售。

③ 橱窗设计的要求

门店的经营者要根据门店的规模大小、橱窗结构、商品的特点、消费需求等因素来选择具体的布置方式。在具体设计橱窗时，还需要遵循以下几点要求。

● 橱窗位置要合适

橱窗的功能是什么，橱窗不是给店主自己看的，也不是给员工看的，而是给过路的行人看的，第一时间抓住顾客的眼球。橱窗的位置一定是在客群主流向上游的地方，当你的主流人群是靠右行走的时候，最好将店面的橱窗放在右边，因为当人们走到这里的时候，首先看到的是橱窗，会被漂亮的橱窗所吸引，当顾客引发注意、产生兴趣的时候，接着走到门口进店率会比较高。如果反过来，橱窗在左边，顾客整个门店逛完了，出来之后才看到橱窗，此时又有多少人会回去呢？所以橱窗的位置一定是在客群主流向上游的地方，有人做过实验，左右位置改变以后，同样的产品、同样的价格、同样的营业员，业绩上升了20%。

此处研究的前提是客群主流向，就是客群流动的主要方向。一般来说都是从右往左，因为中国人的习惯都是靠右行走，但是还必须注意，由于每个地方的商业街布局结构不同，它会使人群的流向走动发生变化。例如，在广州天河电脑城门口的天桥，人们都是从左边走的，为什么，原来左边有一个好又多超市，因为好又多超市在这个位置，所以改变了主流人群行走的方向，人们过马路更多的是到好又多超市去。所以第一件事情就是要研究门口马路上来来往往的人的主流向，如果70%的人都是靠右行走，这个时候再来考虑橱窗位置就更加具有现实意义。

● 橱窗设计角度要适宜

人们总是向前看，向前走。如果顾客沿着一个商店的通道向前直走，自然状态下，顾客就是在看前面。要将她的脑袋转到左边或右边去看路过的书架或货架上的商品，就需要额外的努力。这一点努力可能会使她隐隐觉得不舒服。如果是在熟悉的环境里，如最常去的超市，里面的布置让人感觉很安全——宽敞的通道，地板上没有可能绊人的箱子等其他障碍物，这时也许她才会在行进过程中转过头去注意商品。在不太熟悉的环境里，她看到的商品要少一些，她会下意识地用眼睛余光当心前面，以免被箱子或小孩绊倒。在前进过程中，如果有件东西吸引了她的注意力，她才会停下来仔细看它，但也只有这时顾客才会仔细去看它。

这个问题并不局限于商店的货架。走在大街上的顾客也几乎是斜着去看橱窗的，因为顾客总是从左边或右边走向商店，但是多数橱窗好像都是为站在正前方的目不转睛的观看者设计的，其实这样的情况几乎不存在。所以根据客群主流向把展品向某个方向倾斜，以便从那边来的顾客更容易看到，这个小小的挪动会立刻使看见它的人数大大增加，广告效果才能充分发挥，进一步提升进店率。

● 反映经营特色

所陈列的商品要有真实感，即橱窗内容与门店经营实际相一致，做到内外关联，卖什么布置什么，不能把现在不经营的商品摆上，让顾客感到橱窗只是做做样子而已。所展示的商品不但应该是现在门店中实有的，也应该是充分体现门店特色的，使大众看后就产生兴趣，并想购买的商品。

● 突出主题

商品陈列时要确定主题，无论同种同类或同种不同类的商品，均应系统地分类，依主题陈列，使人一目了然地看到所宣传介绍的商品内容。季节性商品要按市场的消费习惯陈列，相关商品要相互协调，通过排列的顺序、层次、形状、底色以及灯光等来表现特定的主题，并营造出一种气氛。通过一些具体生活画面让顾客产生亲切的感受，心理趋于同化状态。橱窗的设计，要使顾客有身临其境的感觉，并促进顾客产生模仿心理。例如，一套服饰的成功展示，会让人想到穿在自己身上最合适，从而产生购买动机。

● 陈列要有艺术感

橱窗实际上是艺术品陈列室，通过对产品进行合理的搭配来展示商品的美。要适应顾客的审美心理需要，运用多种艺术处理手法，一般运用对称与不对称、重复与均衡、主次对比、虚实对比、大小对比、远近对比等艺术手法，用构图把各种商品有机生动地结合起来，能较好地再现商品的外观形象和品质特征。同时，在橱窗设计中利用背景或陪衬物的间接渲染作用，满足顾客的情感需要，使其具有较强的艺术感染力，让顾客在美的享受中，加深对门店的视觉印象并形成购买动机。

● 整体设计要协调

橱窗的设计不能影响门面外观造型，规格应与门店整体建筑和门面相适应。橱窗布置应根据橱窗面积注意色彩协调、高低疏密均匀、商品数量不宜过多或过少。背景颜色的基本要求是突出商品，而不能喧宾夺主。背景布置一般要求大而完整、简单，避免小而复杂的烦琐装饰。颜色上，尽量用明度高、纯度低的统一色调(色彩的明度、纯度在第 9 章中将有详细说明)，即明快的调和色(如粉、绿、天蓝色等)。如果商品的色彩淡而一致，也可用深颜色做背景(如黑色)。商品要有丰满感，这是商品陈列的基础，缺了这个就会使顾客感到商品单薄，没有什么可买的。要做到顾客从远处近处、正面侧面都能看到商品的全貌。

商品的摆放要讲究大小对比和色彩对比，可以先在纸上画出平面或立体效果样，以突出陈列商品为原则，同时注意形式上的美感。一个橱窗最好只做某一个厂家的某一类产品广告。值得注意的是，现代橱窗的布置更加强调立体空间感和空间布置的对比。例如，由于商品的摆放多集中于橱窗的中下部分，上部空间往往利用不足，此时便可以利用悬挂装饰物的办法增强其空间感。当然高档商品会考虑不成比例的留白手法，专门将上部空出。另外，装饰物、背景和橱窗底部的材料也应充分讲求与广告商品协调。还有的橱窗陈列设计，利用流动、旋转、振动的装置，给静止的橱窗布置增加动感，或者利用大型彩色胶片制作灯箱。

● 注意橱窗卫生

橱窗应经常打扫，保持清洁。肮脏的橱窗玻璃、橱窗里面布满灰尘，会给顾客不好的印象，引起顾客对商品的怀疑或反感，从而失去购买的兴趣。保持卫生，一是经常打扫；二是在设计橱窗时，必须考虑防尘、防热、防水、防晒、防风、防盗等，要采取相关的措施。只有干净整洁的商品，才会让人有购买的欲望。

● 要及时更换

顾客观赏浏览橱窗，最主要的是想获得商品信息或为自己选购商品收集有关信息，所需的资料和信息必须是最新的。因此，橱窗展品必须是最新产品或主营商品，必须能够向顾客传递最新的市场信息，以满足顾客求知、求新的心理愿望。这就必须经常变换、及时展示畅销品、新潮时尚商品。过季商品如不及时更换则会影响整个门店在顾客心目中的形象。每个橱窗在更换或布置时，一般必须在当天内完成。

2. 停车场设计

(1) 一般停车场的设计原则

门店停车场作为停车场的一种，既有自身的独特性，又有一般停车场共同的特点。因此，它首先应遵循一般停车场的设计原则。

① 应符合城市规划与交通管理的要求

停车场的设置应符合城市规划与道路交通管理部门的要求，便于交通组织和各种不同性质车辆的使用。出入口应避开城市主干道及其交叉口。停车场的出入口宜分开设置,并应面向次要干道,应尽量远离交叉口,避免造成交叉口交通组织的混乱和影响干道上的交通。

② 针对停车场(库)的性质、特点和车种,选用不同的设计指标

由于车辆种类、型号繁多,停车场(库)的设计参数应以高峰停车时间所占比重最大的车型为主。对于停车对象明确的专业停车场(库)或有特殊车辆时,应以实际车型参数作为设计依据。

③ 分区明确、交通流线顺畅、标志鲜明

停车场(库)内不同性质及种类的车辆宜分别设置停车区域;其通道一般采用单向行驶路线,避免相交叉,并与出入口的行驶方向一致,使进出车辆尽量减少对道上交通的影响。为了便于使用和管理,停车场内必须设置交通标志、划交通标线、标明通道、车辆路线走向和交通安全设施等,以便于识别。也可以用彩色路面铺装、彩色指示灯等作为标志,指示停车位置和行驶通道的范围。

④ 必须综合考虑场内的各种工程及附属设施

停车场(库)的设计必须综合考虑场(库)内的路面结构、绿化、照明和排水,并根据停车场的不同性质设置附属设施。例如,停车场地的坡度,应保证车辆在停车场内不发生滑溜并满足场地的排水要求,坡度一般在3‰～5‰。

⑤ 因地制宜、留有余地

设计停车场时,应结合用地条件和车辆的性质,选定不同的技术指标。以近期为主,并为远期的发展留有余地。

(2) 门店停车场的位置选择

停车场应尽量紧靠门店,与门店联系便利且不干扰人流,使停车的路线和入口明确易辨。具体的位置一般有以下三种:第一种,附设于门店的地下层,可节省占地面积,也有附设于楼层内的。第二种,设于门店近旁或周围的广场内,存取方便。这种方法在郊区商业中较为实用,尤其在国外很普遍,多布置为垂直、放射与混合式。但是,这种停车方式占地面积大,在用地紧张的情况下不宜采用。同时,要注意同人行广场明显地区分开,避免人车混杂。在市内,除保留少数的地面停车场之外,尽量采取别的办法。第三种,独立停车库,有单层式及多层式之分,多层式有升降式与坡道式两种,前者是通过升降机把汽车送到其他层;后者一般与建筑物合并或呈塔式独立设置,容量大,较为经济。

另一方面,停车场应具备良好的工程地质、水文地质条件。机动车停车场特别是多层汽车库和地下汽车库,因其荷载较大,并有大量可燃材料,在选址时应严格注意地基承载条件,不应处于断层、滑坡、流沙及可能产生沙液化的地段上,而地下停车库的选址还应有良好的水文地质条件,以确保工程质量和节省投资,并保证在有灾情发生时不会产生次生灾害。

在设计时,可根据上述各类位置的特点并结合实际情况,为不同的门店选择各自适宜的停车场位置。

(3) 停车场(库)的平面组成

大、中型的停车场(库)基地的平面布局按使用功能,主要有车辆出入(场前区)、车辆

停放(车库区或车位)、车辆低级保养保修(辅助设施)区和绿化区四部分。小型汽车停车场(库)由于规模小,一般不分区。而位于城市中心区或沿街布置的大中型机动车停车场(库),往往由于用地紧张难以形成完整的分区。

① 停车场出入口

出入口是停车场与外部道路取得联系的接入点,是车辆出入停车场的必经之处。一般宜分别设置出入口,其数量、宽度取决于停车场的停车泊位数及场地条件,并应保持一定的间距。出入口向内的通道,应能方便地通达停车泊位,满足车辆一次进出车的要求。出入口对外与城市道路之间既要联系方便,也应尽量减少对城市道路交通的干扰。必要时,出入口处应设置大门、守卫等设施,收费式停车场还应在出入口处设置收费口等设施。

② 车辆停放规划

停车场(库)应按照车辆的不同类型和性质,分别安排停车场地,并确保进出安全与交通疏散,提高停车场的使用效率。

不仅要按车辆类型和性质分别安排场地,同时还要注意大型购物中心的规划,一般来说,如果既有超级市场又有百货商场,那么二者的停车场要分设。据统计,购物者通常花30分钟在超级市场购物,而花两三小时在百货商场里浏览。二者相邻而设,百货商场的顾客占据停车场时间很长,会妨碍超级市场顾客使用停车设施。同样的道理,货运区的停车区域必须在门店后面,避免出现顾客动线与后勤动线的交叉,影响顾客的进店率。

许多门店还存在一个共同的问题,那就是早到的员工霸占了最好的停车位。现在很多商家会要求员工将车停在远离入口的地方。但是,偶尔就会矫枉过正了,他们让员工将车停在门店后面。结果当顾客早晨驾车来到门店,停车场空荡荡,让人心里发慌,甚至他们无法确定门店是否已经开始营业了。所以,不允许员工将车停在靠近入口的地方,而是把最好的地方留给顾客,但同时也要给经过这里的顾客发出信号,门店已经开始营业了,而且顾客还不少,就像我国的许多汽修厂故意把一些报废车或者旧车停放在门口以创造生意红火的感觉。

③ 辅助设施

机动车停车场(库)还可根据使用要求和基地的具体条件配置相应的低级保养、车辆清洗等辅助设施,并按有关规定设置水、电等市政设施。此外,停车场(库)内还可根据需要设置办公管理、生活服务等设施。停车场(库)的设计还需综合考虑照明、路面结构、排水以及其他的相应附属设施。例如,停车场地坪应采用混凝土刚性结构,平整、坚实、防滑,并有排除雨水、污水的系统。

另外,针对驾驶技术欠佳的顾客,很多餐厅或高级聚会场所都已提供“代客泊车”的服务,也确实吸引了很多顾客。所以,很多地方不用“停车场”而用“停车设施”,主要是为了说明门店经营者应通过其他如上述“代客泊车”以外的方法来为顾客服务,吸引更多的顾客。

案例:韩国乐天百货,导停小姐跳舞指挥停车

当车行驶到百货商店停车场前,一位身穿灰色大衣,头戴圆形小帽,手戴白色手套,脚穿长筒皮靴的指挥停车的小姐(以下简称“导停小姐”),正在热情地指挥车辆安全准确地进入停车场。导停小姐高举右臂，手在空中像拨浪鼓般地摇动，戴着白手套的手犹如一团转动的雪球。接着，导停小姐扭动着身体，打出向左拐的手势，指挥车辆进入停车取卡口。在停车取卡口，第二位导停小姐鞠躬微笑着把停车卡交到驾车人手中。取完停车卡向前行驶 20 m，第三位导停小姐挥动手臂，以柔软、轻盈的手势将车辆引导到地下停车场。整个指挥停车的过程就像是一台优美的舞蹈表演。

负责停车服务的公司主管朴恩美女士说："我们公司专门提供培训和负责各大商场及大型活动的停车服务。1993 年韩国大田举办世界博览会时，为了解决停车问题，我们组成了一支导停队。为了改变以往停车指挥那种生硬、呆板的姿势，更好地为来宾服务，我们专门对指挥动作进行了舞蹈化编排。指挥交通的手势遵循国际惯例，但手势动作需要舞蹈化。为此，我们进行了大量实践，并不断征求顾客的意见，最终改编成功。"

指挥停车的舞蹈化动作分三个阶段。第一阶段，通过手的摇动让顾客的视线集中到导停小姐身上。第二阶段，以舞蹈式的手势向顾客指明车子的行进方向。第三阶段，以鞠躬的形式向顾客表示谢意和祝福。

导停小姐的招聘十分严格。招聘对象主要是高中毕业生和假期打工的大学生，年龄一般不超过 29 岁，面目清秀，个头适中，有敬业和奉献精神。聘用后要进行 3 个月的舞蹈化指挥停车动作训练。上岗后，每天还要练习 1 小时，以求把动作做得精确完美。

（资料来源：环球时报）

3. 门店出入口的设计

(1) 出入口缓冲空间与流线处理

① 缓冲空间的设计

门店的出入口与道路的关系有三种基本形式。第一种是直线型，直线型一般指店面同街道或人行道平行紧挨着，直线型门面的中间只是偶尔被几个入口打断。这种形式的门面布局经济效率高，因为它占用内部的销售空间较少，但这种形式的门面外形显得过于单调，可能对顾客缺乏吸引力。同时由于店面与道路紧密相邻，给顾客造成了压迫感，缓冲空间不足，为了解决这一问题，就出现了转角型和拱廊型设计。

转角型门面的最大特征是门面的整体同交通要道形成一定的角度，这使得门面有了部分缓冲空间，具有强烈的吸引力。这种门面的最大优点是入口的设计更加有利于引导顾客进入门店内部，能够给消费者提供更广的视角以观察店内部情况，也利于顾客独自在橱窗外滞留。当然，采用这种形式的门面会占用更多的内部空间，而且它给顾客提供的缓冲空间也不及拱廊型门面。拱廊型门面是一种间断性很强的门面布局，它具有以下的优点：能够增大门店对外的展示程度，能够为顾客提供观察门店的很多独立区域，对顾客的艺术吸引力也很强。但其缺点也是明显的，这种门面结构大大地减少了内部营销空间，同时门面的建筑难度提高，投资也加大，并且对橱窗的设计也提出了更高的要求。当然对于大中型门店的外部，应尽量在门店周围设置足够的人流、车流集散空间和缓冲空间，如步行广场、下沉空间等。它作为室内外的一种过渡，可避免与城市道路发生冲突。

广州天河城利用北面下沉空间的设置来疏通各种流线，货车可直接进入建筑物地下一层装卸货物，与首层商业购物部分的主入口互不干扰，乘车来的人也可在下沉空间直接进入写字楼地下一层的大堂，避免了办公人流、货物流线对购物人流的干扰。实际上，形成缓冲空间除了具有交通集散的功能外，往往还可以提供欣赏景观、休息、游乐等活动，具有多重含义。

值得一提的是在设置集散空间，如广场时，应考虑商业临街面退后的限度，若退得多，则会影响门店的营业效益，因为这可能会损失一部分过路的客流。如果现实条件要求多退一些，则尽量让门店的另一面能够临街。

② 交通过渡路段设置

由于门店尤其大型门店往往靠近城市干道，这就涉及其出入口与城市干道交通相协调的问题，处理不当，将影响到门店自身的正常运转和城市干道交通的运行。因此，出入口应尽可能布置在步行性道路或次干道上，若必须设在城市主干道上，则应使出入口与干道交叉口保持一定的距离。同时尽量避免把出入口直接设在快速道路上，若必须如此，则应设减速道或者辅助道路与快速路相接。例如，南京市新百大厦地处中山东路与中山南路的十字交口处，其西北角的底层部分对交叉口退后 40 m 左右，形成西北主入口广场，并成为繁忙的城市交通与建筑物之间的过渡与缓冲地段。

③ 出入口的流线组织

一般而言，与门店直接发生关系的流线有顾客、工作人员和货物等流线。其中顾客流线数量大，且流动频率高，是最主要的功能流线之一；工作人员流线较为定时集中；货物流线则主要是车辆，流动频率颇高。因此，为了较好地组织外部交通，应根据实际情况，设立专门的出入口。出入口位置应临近各自的功能区域且相互间有一定的间隔。其中，如果进出门店的顾客人流较大，可以设多个出入口且分散布置，并配合顾客上下车和临时路边停车之处进行设计；至于卸货停车处，其出入口应适当与顾客出入口保持距离，通常设置在较隐蔽处，以免影响交通和破坏美感。

(2) 出入口的类型

由于经营规模以及经营商品类型的不同，门店入口的开放程度不同，门店出入口具体可以分为以下四种。

① 闭销型

闭销型也称全封闭型，是指出入口较小，面向大街的一面用陈列橱窗或茶色玻璃遮蔽起来的出入口类型。顾客进入门店，可以安静地挑选，不受外界干扰。这种类型通常比较适合用来卖珠宝首饰和高级时装。闭销门面会给人一种门店内商品高档昂贵的感觉。许多殷富人士要买商品时，都愿意到这种高档次的地方来随意挑选。闭销型格局隐秘性较高，但往往令人望而却步，要弥补这个缺陷，应该在入口处的橱窗里摆一些价格便宜的东西，一来可以缓和“昂贵”的印象，二来收入没那么高的顾客群也能安心入内。

② 半开型

半开型指出入口稍大一些，并配有陈列橱窗，从外面经过时能够较方便地看清门店内部的情形的出入口类型。这种店型比较适合于一般品牌的专卖店。它给人明亮清新的感觉，通过橱窗中的陈列会吸引一些顾客，且门店的出入口也较大，方便顾客进出，没有闭销型门店给人“进得去，出不来”的感觉。半开型的门店适合于中高档品牌的商品、大众化的价格，人们愿意进入门店看看，从而也就吸引了不少顾客。这种门店的关键是要做好橱窗的设计以及商品的陈列。

③ 全开型

全开型是指门店的门面全部敞开，顾客能自由出入，不受任何阻碍。这适合于出售水果、食品、日用杂品等商品以及流动性特别大的门店。如在繁华商业区的专卖店，由于人口流动性特别大，有了出入口会显得很不方便，不利于顾客流动，全部敞开就可以让顾客自由出入，自由选购。但是，由于这种门店出入没有障碍，就要注意商品的管理，要防止商品被抢或被盗。

④ 交通自由型

交通自由型门店一般只有一面或两面墙，商品充分暴露，让顾客任意选购。一般适用于较低档的零售门店，它面向不太富有的顾客，这种门店可以使他们安心选购，不会有高不可攀、非买不可的印象。

(3) 消除障碍提升进店率

对顾客来说，有些门店入口总是让她们不愿意进去。到底是什么原因让顾客敬而远之呢？这个问题需要从多方面思考，需要仔细分析，以提高进店率。

① 出入口是否要分开

对于大多数小型门店来说，入口即为出口，顾客从一个地方进入，也从相同的地方出来，出口入口合二为一。不过，规模大的门店就应该考虑将出口和入口分开，因为这样一来，顾客在店内基本上会遵循从入口到出口的购物路线前进，彼此方向整体一致。而行进方向一致，就可以在一定程度上避免拥挤和推搡，形成一条很顺畅的顾客流。同时，可以在入口提供购物车、购物指南，而在出口设置收银通道，使顾客购物井然有序，畅通无阻。

② 门是否要开着

开着的门与关着的门相比，哪一个更容易吸引顾客进入呢？几乎所有的人都会回答开着的门更方便进入，门店的门也是同样的道理。保持店门宽敞开放是首选，但是如果这样做不现实，经营选购性的高档商品或者私密性较强的商品的门店要求入口要关闭，那么至少也要更换成自动门或者比较轻松的门，这样才更方便顾客进入。如果是十分厚重、开关费力的大门，顾客便会失去进入店里的兴趣。门店大门设计时还应考虑气候条件的影响，如采光条件、噪声影响、风沙大小及阳光照射等。一般来说，气候条件温和的南方宜采用偏开放型门店大门，而气候条件较恶劣的北方则更适于采用偏封闭型的门店大门。

③ 顾客对价格的不安感

以服装店为例，同样在橱窗中摆设有高级的西服，西服上没有标价与醒目地标出价格相比，顾客更愿意进入哪家门店？当然是后者。顾客在购买之前是有预算的，这件商品是否在预算之内，是顾客判断购买与否的重要标准。当不知道商品的价格时，是否进入这家门店是需要勇气的。为了打消因为预算和价格之间的矛盾而给顾客带来的顾虑，明确地给商品标出价格是必不可少的。还有一个重要的信息一定要向顾客传达清楚，那就是付款方式。所谓付款方式，就是指是用信用卡结账还是用现金结账。现在人们的钱包中都会装有各种各样的卡，如果门店的入口处标有可以用信用卡结算的字样，那么即使顾客随身带的现金不够，也可以凭信用卡大胆地进来购物。所以店家一定要在入口处将付款方式清楚地写出来。也许对于店内的工作人员来说，这是再熟悉不过的事情，但是为了顾客更清楚地了解，消除顾客的不安感，还是要不厌其烦地进行宣传，这一点对于小规模的门店来讲尤为重要。

④ 入口处要保持明亮整洁

首先,明亮的入口处与昏暗的入口处的顾客数量是截然不同的。如果入口处昏暗无光,那么顾客很难分辨这家门店到底是正在营业中还是已经关门了。受光明的吸引,这是人类的一个特点,所以首先应该在门店门前装饰聚光灯等,下工夫尽量使门前变得明亮。第二,保持干净整洁。不仅仅要保持店内的清洁,对于容易脏的入口处以及门店周围也要经常进行彻底的清扫。比较低的成本装饰店面也不是不可以的,但是低成本并不代表可以不整洁。毫不夸张地说,有的人就喜欢从门店门口的清洁程度来判断店内商品的好坏。所以明亮、整洁、员工的朝气活力都是吸引顾客到门店的必修课。

⑤ 销售氛围布置要适可而止

的确,不少顾客都是受"价廉、便宜"吸引的,一旦看见打折商品,眼睛立刻就发亮,蜂拥而至,很快就制造出一种熙熙攘攘、生意兴隆的氛围,吸引更多的客人走进门店。不过,此种做法却可能带来另外一些损失。

一位商场主管站在离商场入口不远的地方,想知道门口摆放的打折秋装的销售情况。经过长时间的观察,他发现,很多顾客从打折货架上选了商品之后,直接到收银台付了款就离开了,不会再走进商场浏览选购其他商品。主管走上去与顾客进行交谈。一些顾客告诉他,她们以为这里主要出售打折商品,所以不再往里走,还有的顾客告诉他,这里太挤了,她们被人撞来撞去,弄得很心烦,对进去购物突然没了兴致。这听起来的确不是一件好事情,商场的初衷是想吸引顾客进来购物,怎料却顾此失彼了。

在入口附近设置打折商品专柜是一件有利有弊的事情,所以门店应该采取一定的措施来避免不利的局面出现。例如,除了标明有打折物品外,还应该用更醒目的文字和招牌来告诉顾客:店内有新品。如果将新品字样醒目地展示出来,就能吸引顾客去光顾更多的商品。此外,要注意将打折商品放置于在入口处能看见,但离入口有一定距离的地方,以确保不会因顾客众多而堵塞入口。

● 下雨天的细节处理

下雨天别说拿着雨伞购物,就是打着雨伞走路也是一件麻烦的事情,而且雨伞上的水滴也会将门店内地板弄湿弄脏,作为顾客来讲,如果她出于礼貌,觉得把门店弄脏是一件很不好的事情,她会尽量避免这种情况,也就是不进去。所以,为了打消这种疑虑,下雨天要在入口处为顾客准备放雨伞的篮筐,或者套雨伞的塑料袋。另外,门口放置的踏垫也是一个值得注意的细节,因为踏垫的作用是保持店内清洁的,顾客进来之前可以将鞋底的泥土在踏垫上擦干净,所以如果踏垫脏兮兮的,也就失去了其清洁的作用。还有,如果踏垫打卷,就容易将顾客绊倒,所以一定要将其固定好。

案例:苏果动线卡位案例

在南京苏果总部的战略指挥图上,可以清晰地看到10个明显的"蜂窝",它们代表苏果的中小门店群,每个群都围绕着一个对手大卖场分布着。这些军团的主要任务就是根据对手的营销策略,采取不同起初的应对措施。家乐福当初选址南京的大桥南路,就吸引了大部分江北客源。有统计显示,家乐福20%的客源都来自江北,去年每天销售额达到

80万元左右，导致苏果在南京下关丧失优势，遂成后者大敌。为了控制下关市场，苏果果断地拿下了下关最好的市口：阅江广场平价店、圣陶沙社区店、中山北路店、泰山新村社区店以及下关商场对面的苏果标超等，对家乐福形成包围之势。这就是卡位战术，苏果都是在重要的商业区域和居民小区设立网点。卡位战术，就是在竞争门店的目标消费群体到达该店的必经之路（店外主动线）上，选择合适的位置开店，截断该店的客流，达到占领和巩固市场的目的。比如，当我们面对开了一家一万平方米以上的外资大卖场时，我们没有必要在它对面开店，和它真刀真枪地干，那样等于自杀。但我们可以围着它开一些中型卖场，就像蜂窝一样，顾客要想到蜂窝中心，必须经过外围我们的店。这样就通过竞争店的吸引力，提升了我们店门前的客流量。而顾客出于便利考虑，很可能在我们店消费，而不再继续行进到竞争店。

结果，几乎没有太大的动静，苏果的卡位战术便奏效。2005年春节期间，家乐福的不少客源已经被苏果分流。最新数据显示，2005年1～4月份，新开的苏果江浦店和阅江店销售额分别为2 800万元和3 000万元，而这些销售额中的大部分原本是应该属于家乐福的。另外，围攻大卖场乐客多的5家苏果门店，由于对大店动线掌控得好，结果首轮联手"围剿"，销售额便增长30%，吸引了对手比例颇高的客流。

如何卡位？

首先，卡位的店不需要太大，否则由于需要卡的位置太多，会造成成本太高；当然也不能太小，太小则存货太少，对顾客没有吸引力，很容易被忽视，即使路过也不一定会进去，起不到卡位的效果。1 000平方米左右的标超是个不错的选择。但是，如果受到预算和店址约束，店面实在大不起来，那就要考虑该址附近居民的特性，以便选择最合适的业态形式。如果只能开小店，那店头一定要吸引人、要漂亮，营业时间要长，以便获得大店营业时间之外的顾客购买支出。北京某连锁的便利型超市就是如此侵蚀家乐福客流动线的。其次，零售业是一个地利性行业，顾客在购物过程中要考虑购物成本，其中最大问题是距离成本。在一些特别贵重的商品购买过程中，顾客在进行购物成本收益分析时，可以接受耗费长时间和远距离的大型购物场所；但是，对于一些食品与日用品来讲就未必如此了。这就为卡位战术提供了机会：只要你的价格合理、商品齐全，消费者更多地会选择就近购买。所以卡位战术要考虑的第一个问题是你这家店的商品经营大类。如果是贵重物品，或是精挑细选性的商品，顾客更愿意到大店或中心商业区去购买，卡位战术不太合适。例如家电是典型的精选商品，大店面辐射效应很强，因此你想靠一个独立小店去夺取一个大店的客流是很难的。再次，因为卡位的店相对较小，所以商品大类在保证一站式购齐的可选择性上就会受影响。所以，你的中型店在商品结构上就要好好分析了，要根据该区域潜在客户群的特征进行分析，做好市场细分与定位。比如东西南北四个方向都有顾客到中间的竞争店购物：东边大学多，那么东边的卡位店就要突出学生需求的商品，如运动系列；西边办公族居多，那西边的店就要侧重便利商品与办公用品；北边是居民区，我们就要突出生鲜食品；南边有大医院，我们就突出保健品、礼盒和鲜花。这么一来，每个店品类都不会太多，又能满足周边需求，不会由于商店规模小而影响进店率；相反，被围在中间的竞争店为了实现一站式购齐，这些大类都需要备齐，成本加大，进而影响其促销、广告等活动的投入。最后要考虑卡位的具体位置。距离竞争店既不能太远，如果到了它的核心商圈之外，大部分客流还是卡不住；也不能距离太近，否则便利性的优势就没有了，反正距离挺近，顾客还不如选择竞争对手的大店去选购，所以具体位置也要好好把握。一般在距离大店7分钟～15分钟步行的距离上卡位都可行。但是越靠近7分钟步行距离的选址，考虑的因素要越多。如：本处客流量是否是大店最大的来客流动线？从这个位置出发，7分钟步行过程中是否有其他障碍？顾客是否需要过马路？街景是否混乱，给步行者带来不适感？傍晚忙碌完的年轻双职工顾客去大店是否不安全等。

（资料来源：销售与市场2011年4月刊）

四、课后练习题

（一）简答题

1. 简述店铺外立面设计的原则。
2. 简述店铺名称的类型及店铺命名的注意事项。
3. 简述店铺招牌的类型。
4. 橱窗对顾客有哪些影响？
5. 橱窗设计有哪些要求？
6. 简述停车场设计的一般原则。
7. 按照开放程度，出入口可以分为哪些类型？
8. 如何消除障碍，提升进店率？

（二）案例分析

有时会碰到这样一种情况，由于当时的各种原因在商业街上出现了错层的，店铺外面是马路，B系列店铺比A系列店铺向街面多出了一截（如图1-3所示），请问位置A3处的店铺在客流方面会面临什么问题？在外观设计方面有哪些补救措施？

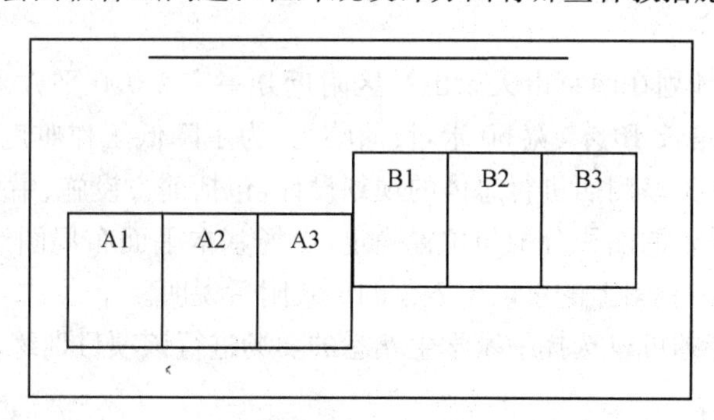

图1-3 街道错层

单元二：卖场内部规划

一、学习目标

（一）能力目标

1. 能够对门店空间进行详细的实地测量；
2. 能够合理设计跑道型卖场的各种通道；
3. 能够合理设计格子型卖场的各种通道；
4. 能够对卖场的各种服务设施进行点评；
5. 能够对门店后方设施规划提出改进建议；
6. 能够提出细化的门店总体规划建议书。

（二）知识目标

1. 熟悉常见的卖场布局类型；
2. 熟悉通道设计的基本指标；
3. 熟悉卖场各种服务设施；
4. 熟悉后方设施规划的着眼点。

二、任务导入

假设华润苏果计划在南京市天景山社区附近开一家2 000平方米左右的社区店，目前物业的基本情况是长40米、宽50米，长面临街，为了降低工作难度，假设没有柱子，柱间距可以不考虑，请为该门店进行总体的规划设计，包括前方设施、中央设施、后方设施进行分割，各种设备设施的面积分配与位置确定，卖场基本平面布局图绘制（不包括货位布局），详细信息不便标到图上的可以用表单的形式附后说明。

注：各位授课老师可以选择一家学生熟悉的卖场进行该项目训练。

三、相关知识

卖场内部规划是建筑物向卖场转化的第一步，也是开发人员能力的体现，部分企业会寻找专业的空间设计公司来进行规划，但是这些公司更多地集中在了卖场氛围的塑造方面，至于卖场的基本规划以及内部服务设施的设计方面，企业需要结合自己的经营定位进行。所以一般来说，没有合适的外部公司可以替代企业内部人员进行此项工作，开发人员应该好好提升自己的卖场规划能力，商业管理类的学生应该了解一些空间设计的基本知识，养成勤逛街的习惯，多多观察。没有经过设计和规划的卖场只是一个建筑物，而非卖场。卖场规划是对卖场的空间进行科学、合理、艺术化的设计，形成一种巨大的商业活动氛围，从而刺激顾客的购买欲望，达到商品销售的目的。卖场规划好坏在某种程度上决定着销售业绩。

（一）卖场布局规划的常见类型

卖场布局的类型有很多，它可以根据每个卖场的实际经营需要，设定不同的格局。卖场的布局首先随着销售方式的不同而改变。目前的销售方式有隔绝式和敞开式两种。隔绝式，即是用柜台将顾客与卖场人员隔开。顾客不能直接触及商品，商品必须通过卖场人员转交顾客。它便于对商品进行管理，但由于顾客不能直接接触商品，不便于广泛、自然地参观选购，同时增加了劳动强度，一般适用于贵重商品和易污损的商品。敞开式，即将商品展示在售货现场的柜架上允许顾客直接挑选，卖场人员工作现场与顾客活动场地合为一体。这种销售方式迎合新的购物理念，从而提高售货效率和服务质量。但采用这种售货形式必须注意采取一些相应措施，加强商品管理和安全工作。卖场人员应随时整理商品，保持陈列整齐。

1. 基本的布局形式

① 方格形布局

这是一种十分规范的布局方式(如图 2－1 所示)。在方格型布局中，商品陈列货架与顾客通道都呈长方形状分段安排，所有货架相互成行并行或直角排列，这种布局在超市中最为常见，它使整个卖场内结构严谨，给人以整齐规范、井然有序的印象，很容易使顾客对

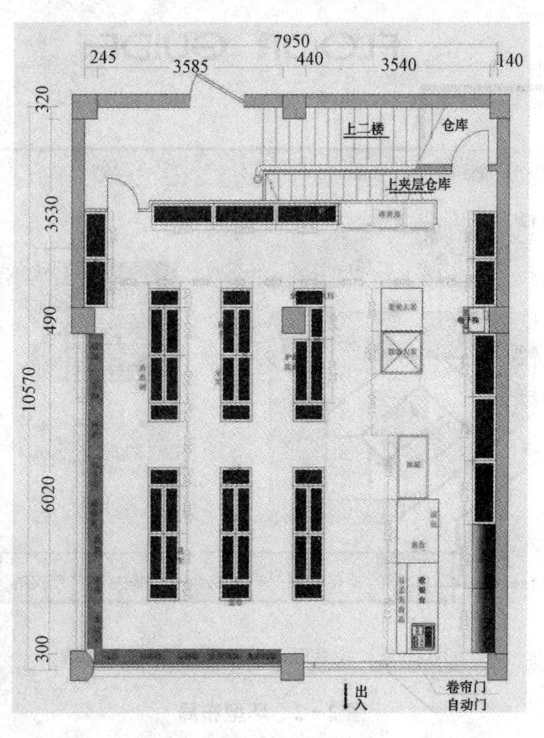

图 2－1　方格型布局

卖场产生信任心理。尽管方格型布局不是最美观、最令人愉悦的布局，但对于那些计划逛遍整个卖场的顾客来说，它却是一种很好的布局。方格型布局也是在成本效益比方面最有效的。比起其他布局来讲，方格型布局是最节省空间的，因为它的通道都是同样的宽度并且刚好允许顾客和购物车通过。最后，由于陈列设备通常是标准化和统一式样的，设备成本也可得到节省。但由于布局的规范化，使得发挥装饰效应的能力受到限制，难以产生由装饰形成的购买情趣效果，顾客走在除了商品还是商品的环境中，会产生孤独、乏味的感觉。由于在通道中自然形成的驱动力，选购中的顾客常常有一种加速购买的心理压力，而浏览和休闲的愿望将被大打折扣。

② 环形布局

方格型布局的一个缺陷就是顾客不会自然地被吸引到门店里来。对超级市场或杂货店来说，这不成问题，因为那里的大多数顾客在进入门店之前，就对她们要买的东西十分清楚。跑道型布局通过设置环形通道，从而达到吸引顾客游逛大型门店的目的，这一穿越门店的通道环提供了通向各个小隔间（品类或者品牌）的通路。跑道型布局鼓励冲动式购物。当顾客在跑道环中闲逛时，她们的眼睛会以不同角度视物，而不像在方格型布局中只能沿一条通道浏览商品。为了吸引顾客穿越门店，通道应设计出一种表面或颜色的变化。例如，通道地面铺设大理石瓷砖，而各个营业部门则根据周围的环境在材料、花纹和颜色上进行变化。跑道型布局在国内流行“店中店”形式的百货门店中比较常见（如图 2-2 所示）。

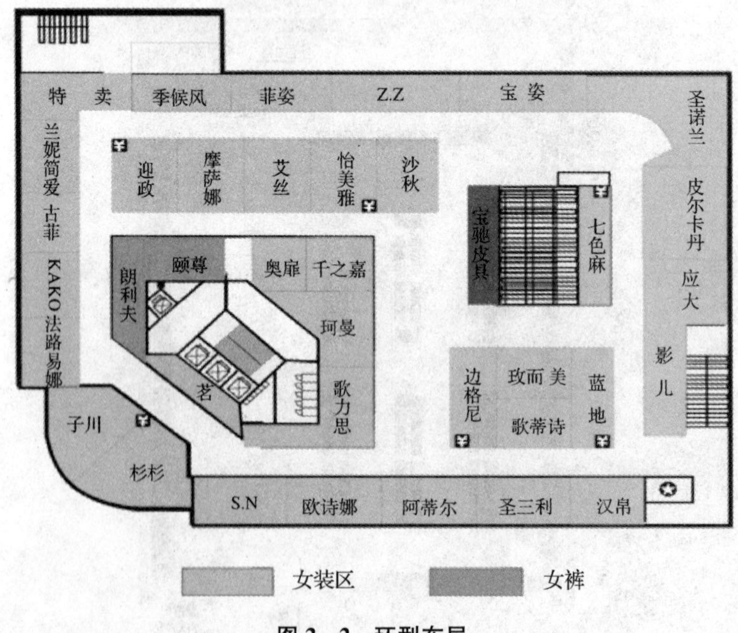

图 2-2　环型布局

③ 自由型布局

自由型布局不对称地安排家具和通道，它成功地运用了小专业店或大门店中小隔间的布局为基本方式（如图 2－3 所示）。在这个放松的环境中，可以给顾客提供浏览甚至休闲的环境。然而，一个令人愉快的氛围的营造通常是所费不菲的。这类布局的使用面积的利用率一般偏低。因为顾客不会像在方格和跑道布局中那样自然地游逛，面向个人的推销会变得更重要，还有销售代表不能轻易地观测到相邻的部门，因此，这里的盗窃案比起方格布局来讲通常要高一些。最后，门店牺牲了一些储存和展示的空间来创造更为宽松的购物环境。但是，如果自由格式的布局能够被很好地运用，就会因为顾客感觉在家中一样，从而增加购物，进而使门店从增加的销售和利润中抵消增加的成本。这类布局如果布置不好，会给人卖场布局混乱不清的感觉。

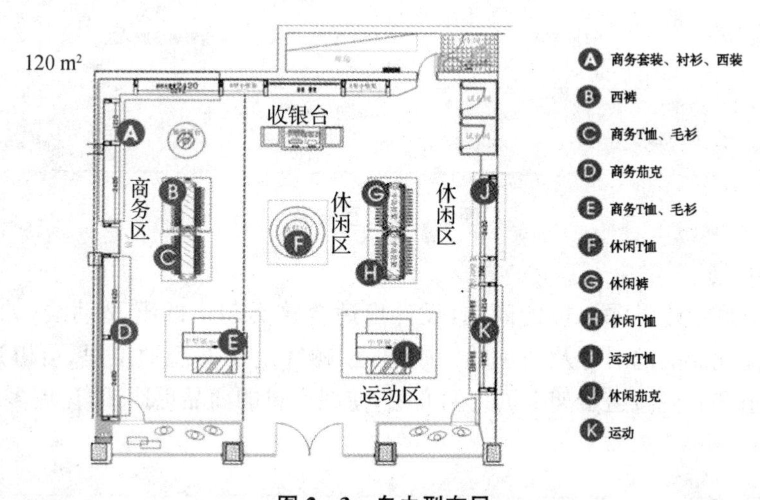

图 2－3　自由型布局

2. 基本布局形式的变形

根据卖场面积的大小、经营品类的差异以及建筑结构的不同门店的布局形式也会出现与上述基本布局形式不同的情况，客流“动线”也有许多种形状，一般单层超市“动线”常为：L 型布局、F 型布局、H 型布局、T 型布局和曲线型布局等，下面以超市业态为例分别介绍。

① L 型布局

L 型布局适合建筑形状是长方形的超市，主通道像倒放的 L 型（如图 2－4 所示）。长方形超市横向长，一般很难把顾客引导到超市内部，而使用 L 型布局可以引导顾客到达超市内部，分散到每个商品区域和货架间过道，顾客停滞店中的时间也使之拉长，进而也可借此提高客流量；但是如果长方形建筑的纵深较长，L 型动线的长 L 过道对于部分区域商品就会存在死角，顾客难以到达每一个长的过道，影响商品销售。一般纵深较浅，横向较长的超市使用 L 型动线会非常合适。

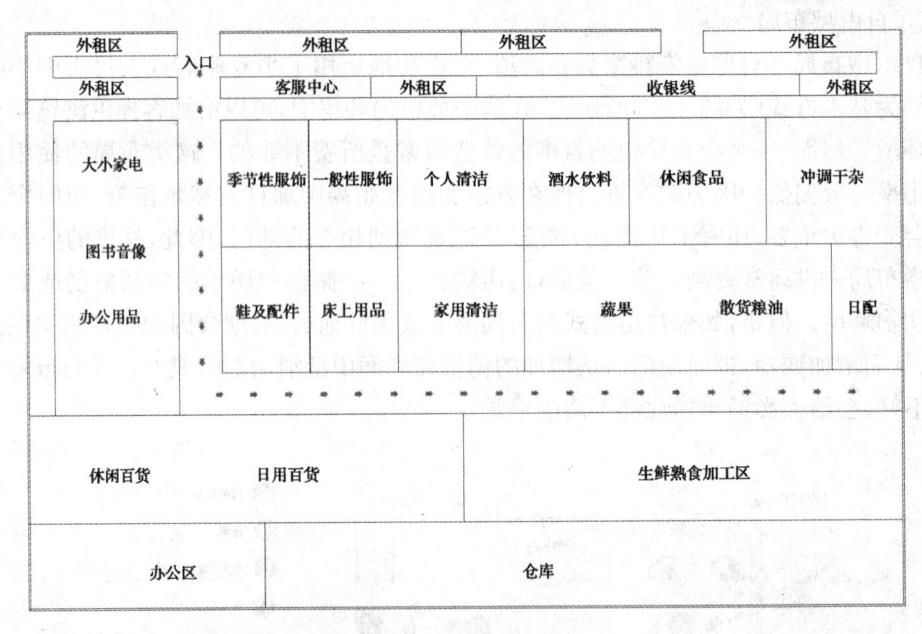

图 2-4 L 型布局

② F 型布局

针对长方形超市纵深深度的问题，设计出适合这类超市的 F 型动线（如图 2-5 所示），通过功能性商品的引导及增加的一条通道，顾客走在 F 型通道里，可以近距离到达任何一个过道和看到过道货架上陈列的商品，使超市里的商品更通透，让更多的顾客买到需要的商品。

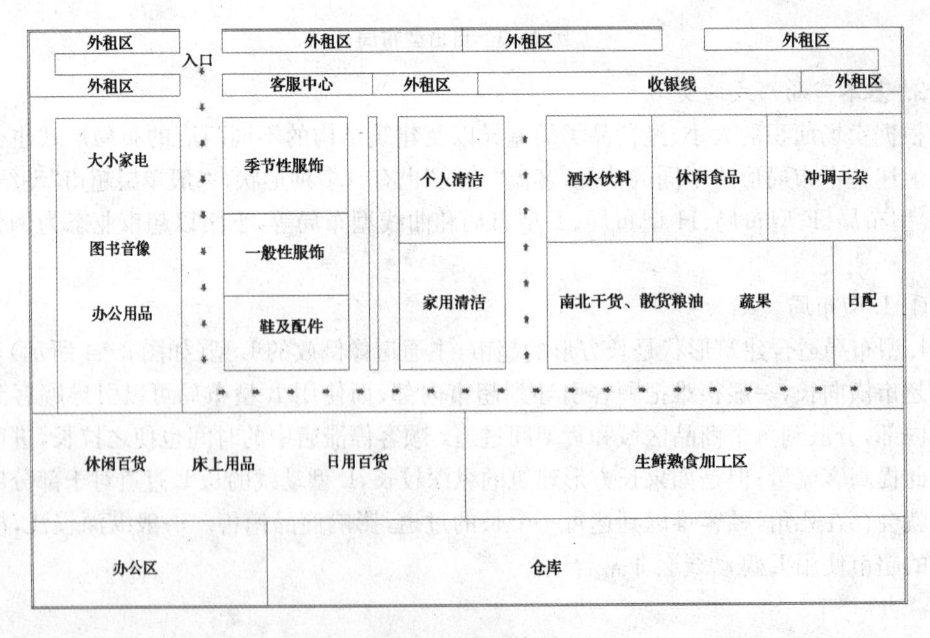

图 2-5 F 型布局

③ T 型布局

有的超市随着卖场面积的进一步加大，开始使用 T 型布局（如图 2-6 所示），主通道就像一个倒下的 T 的形状，它比 L 型布局多兼顾了卖场的一个角，同时主通道靠近卖场中心有效缓解了卖场空心化的问题，主通道侧面的 F 型设计又很好地兼顾了边角的客流，是目前比较常见的大卖场的布局形式。

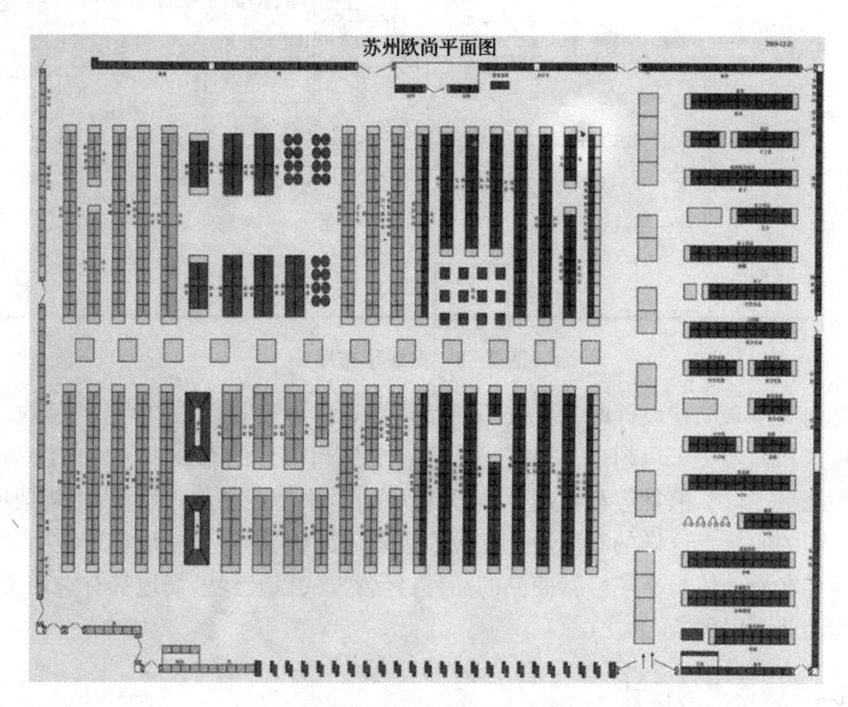

图 2-6　T 型布局

④ H 型布局

还有的大卖场使用下面的 H 型布局（如图 2-7 所示）。

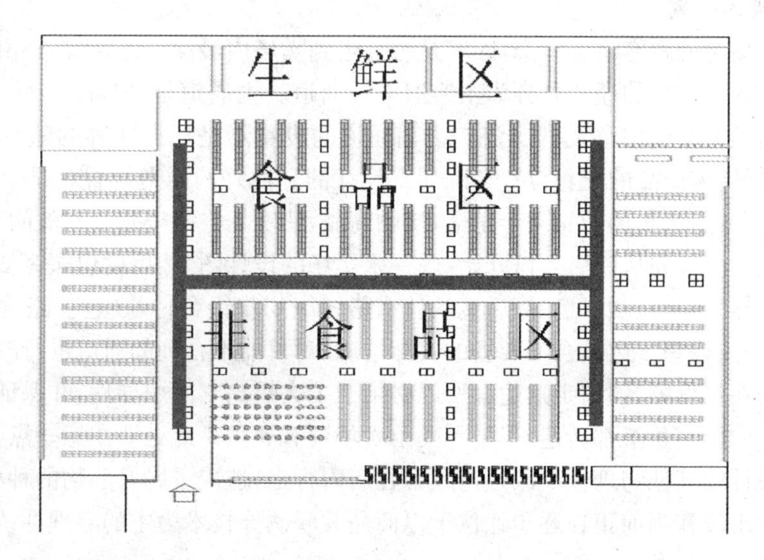

图 2-7　H 型布局

⑤ 曲线型布局

还有一种动线是国内超市比较少见的，就是曲线型动线。这类动线属于强制性动线，顾客进入超市必须按照超市经营方设定的路线购物，没有折返的线路(如图 2－8 所示)。

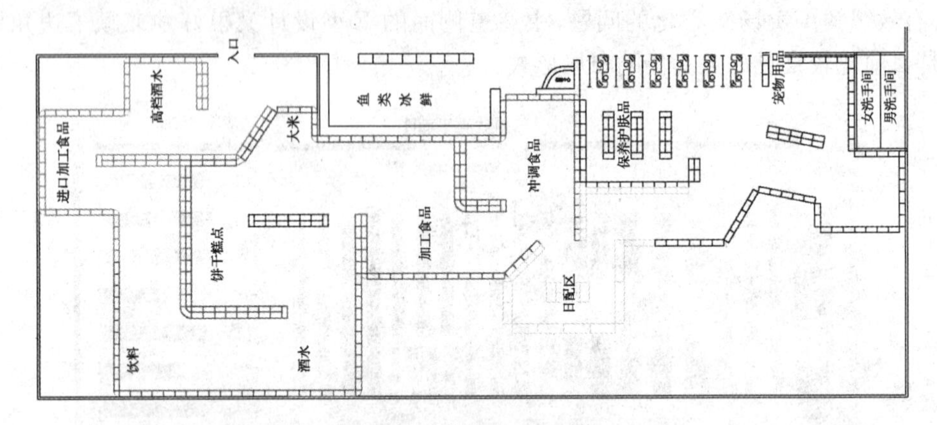

图 2－8　曲线型布局

这类曲线型布局在设计时只要按照商品属性划分来安排区域就可以了，国内见到使用的有宜家和韩国美家玛超市。美家玛这家店根据超市总的布局来使用曲线动线的，生鲜、熟食、蔬果、鲜肉、散货等都在超市外做岛状销售，小型商品不占面积，用货架可以搭建组合成上图的曲线。这样的布局设计比较浪费超市面积，不适合一般超市使用，因此卖场布局设计和客流动线与卖场经营商品的品种、经营方式以及经营场地都有密切关系，不是简单的套用就可以的。

（二）卖场通道的设计

为了能让顾客看到卖场里陈列的所有商品，通道的设计是非常关键的。通道必须能够让顾客将卖场内的每个角落都转遍，并且具有循环性。

1. 通道的路线设计

进入卖场内的顾客将怎样逛，顾客是否会走到卖场内最深处，这些都是由通道的设置路线来决定的。卖场的通道划分为主通道与辅通道。主通道是诱导顾客行动的主线，而辅通道是指顾客在店内移动的支流。主辅通道的设置不是根据顾客的随意走动来设计的，而是根据店内商品的配置位置与陈列来设计的。良好的通道设置就是引导顾客按设计的自然走向，走到卖场的每一个角落，接触商品，使卖场空间得到最有效的利用。

路线设计应该先从门店入口开始，画一张卖场的设计图，然后设想顾客从入口进入后将按照什么样的路线、顺序逛，最后又从什么路线绕到收银台付款(这一路线又叫客流动线)。这样一边设想一边结合本卖场的实际情况，对目前不合理的通道进行改进。通道就好像是卖场在告诉顾客“请走这边”，所以必须下工夫提高它的引导性，并保证它能带领顾客将卖场内的所有角落都转遍，尽量不要给卖场留有死角。此处要注意一点，完全依靠封闭的通路设计或其他物理性手段强迫顾客在店内行走，造成了顾客购物的种种不便，这种物理性诱导手段在当前正在逐步让位于以商品关联诱导技术为主的心理性诱导手段。

2. 通道的长度设计

要保证顾客转遍卖场内每一个角落，就要使客流动线尽量变长，客流动线长短的不同，将决定顾客在卖场内逗留时间的长短。客流动线短，顾客从入口进入后很快便又出去了，根本没有仔细浏览卖场内的商品，可能什么也没有购买，也可能只购买了门口的特价商品。所以，必须尽可能延长客流动线，增加顾客在卖场内逗留的时间，保证顾客能够走到卖场的最深处，保证顾客看到每一种商品。这样，即使顾客今天没有购买商品，但是顾客对卖场内所有商品都有大体的了解，为日后再次光顾购物打下了基础。

但是此处需要注意，客流动线长度与通道（更准确地说是陈列线）长度意义不同。客流动线长度是指顾客在卖场所走的总路线长度，它由多条通道构成。通道（陈列线）是指卖场中为了保证视线的通透性，笔直无拐角的单向通道。事实上一侧直线进入，沿同一直线从另一侧出来的门店并不多见，所以卖场里只能是通道尽量直，拐角尽可能少，即通道途中可拐弯的地方和拐的方向要少。因此，通道长度是指一条没有拐弯连续的通道长度，但是这种笔直的通道过长会给顾客有走不到头的感觉，所以适当的迂回通道比超长的直通道对顾客更具吸引力。那么究竟通道多长就应该考虑可拐弯处呢？美国连锁超市经营中20世纪80年代形成了标准长度为18 m～24 m的商品陈列线，日本超市的商品陈列线相对较短，一般为12 m～13 m。这种陈列线长短的差异，反映了不同规模面积的门店在布局上的要求。

3. 通道的宽度设计

在给卖场做平面设计时，需确定通道的宽度。可以说主通道是卖场内最宽的通路，但主通道与辅助通道到底应该多宽呢？

首先，一个人能够通过的最窄限度是60 cm，这是通过肩宽推算出来的数字。平均肩宽就是40多厘米，考虑到人在行走时还要摆动双臂，就在左右再分别多留出10 cm，这样就需要60 cm。因此，通路的最窄限度为60 cm。

其次，当一个顾客面向货架挑选商品时，她所占的通道宽度是30 cm左右，而她后面如果要再通过一个人，那么至少需要30 cm ＋60 cm ＝90 cm的宽度。再有，如果两个人擦肩而过，就需要60 cm＋60 cm ＝120 cm的宽度。根据陈列商品的种类，通路的宽度也是有所变化的。如果以60 cm、90 cm、120 cm为条件进行设计，那么，如果辅助通道为60 cm，主通道则需要90 cm；如果辅助通道为90 cm，主通道则需要120 cm。像超市那种顾客可以使用手推车的卖场，通道就必须更加宽敞，需要150 cm或者200 cm的宽度。

再次，对于较大规模的卖场，根据《消防法》的规定，通路的宽度是有一定限制的，必须按照法律规定进行设计。其实，每个卖场的经营者都想把通路设计得宽敞舒适一些，但是根据卖场的实际情况，如面积、陈列的商品等，设置太宽的通路是不现实的，所以如何合理利用空间，是经营者有必要下工夫研究的课题。而且，通路也是要交纳房租的，所以卖场经营者不仅仅要使通路便于顾客行走，还要最多地陈列商品，以供顾客选购，因此必须在这两者之间找到一个最佳的结合点。辅助通道也是如此，既不要浪费空间，又要让顾客容易通过。

门店通道宽度设定值参考表如表2-1所示。

表 2－1 门店通道宽度设定值参考表

单层卖场面积(m^2)	主通道宽度(m)	辅助通道宽度(m)
300	1.8	1.3
1 000	2.1	1.4
1 500	2.4	1.5
2 500	3.0	1.8
6 000 以上	4.0	3.0

4. 保证通道的通畅性

一般来说，通道地面应保持平坦，处于同一层面上，有些门店由两个建筑物改造连接起来，通道途中要上或下几个楼梯，有"中二层"、"加三层"之类的情况，令顾客眼花缭乱，不知何去何从，显然不利于门店的商品销售。

通道是用来诱导顾客多走、多看、多买商品的，所以应避免障碍物，通道内不能陈设、摆放一些与陈列商品或特别促销无关的器具或设备，以免阻断卖场的通道，损害购物环境的形象，即使在通道里做商品突出陈列或促销展示，也应该注意前提是不影响通道的基本功能。以超市为例，许多超市喜欢在主通道的中央或两侧摆放大量的堆头或平台陈列，可他们的主通道往往达不到 4 m 宽幅，堆头或平台陈列过大、过多、过密，必然压迫顾客沿主通道一侧行走，而忽略另一侧，结果两侧的商品部门失去关联关系。有些超市为了眼前利益，对通道中的堆头数量、位置、大小等不加限制，结果造成卖场通透性差、通道诱导作用降低等一系列问题。这往往影响的不仅是销售额，还有顾客在该卖场中的购物体验。因此，卖场通道配置堆头陈列，要特别注意以下一些问题：

① 主通道拐角处的堆头配置

人们行走遇到直角时，都会下意识地抄近路拐弯。如果主通道拐角两侧没有强吸引力的商品，顾客就会抄近路斜向穿过，结果拐角两侧的商品销售不畅。在拐角两侧配置强吸引力磁石商品(图 2－9 中阴影部分)，顾客自然被商品所吸引，直线拐弯行走，如图 2－9(a)所示。

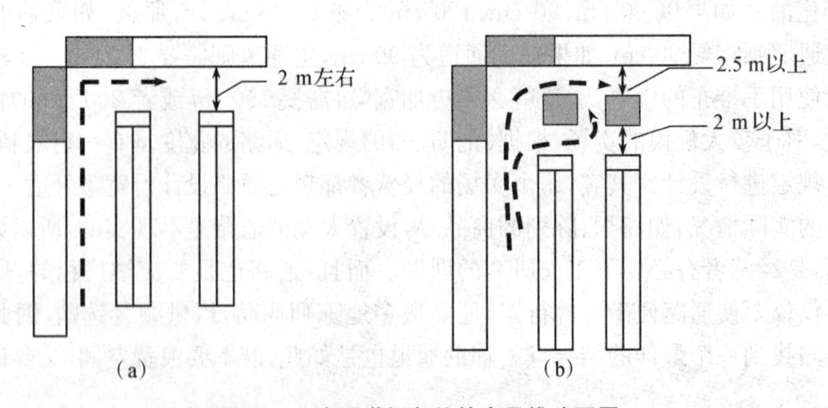

图 2－9 主通道拐角处的商品堆头配置

拐弯后，如果横向主通道起点处放置了商品堆头，顾客往往被堆头商品所吸引而斜向拐弯,结果主通道拐角两侧的磁石卖场成为盲区,如图 2-9(b)所示,因此要避免在主通道拐角处设置堆头商品。如果在横向主通道起始位置放堆头,那么堆头距内侧货架至少要有 2.5 m 的间距,距外侧端架至少要有 2 m 的距离,才能使区域商品的关联不受太大影响。

② 主通道中堆头不应过密

图 2-10(a)中,堆头在主通道中过于密集,不仅难以关联两侧商品部门,而且受堆头过密及特卖商品的吸引,顾客很容易忽略主通道两侧的商品,形成一定的盲区。

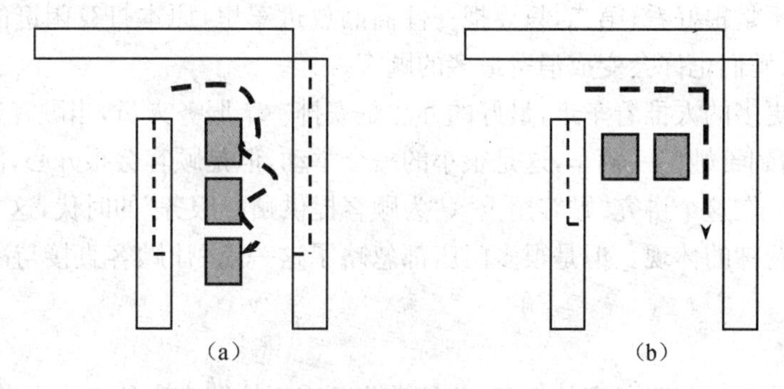

图 2-10　主通道中堆头设置的错误

图 2-10(b)中,主通道中两个堆头横向摆放,压迫顾客沿一侧行走,使另一侧商品部门形成盲区。当然,如果主通道设计过宽(相对于本地居民习惯),即使没有堆头,主通道两侧的商品也很难关联起来。总之,门店内通道的设计是根据门店规模、预计客流、商品品种、性质等来确定的。既不造成阻塞不畅的感觉,又不造成空间使用不经济是通道设计不断探索的目标。

(三) 卖场服务设施的规划

1. 寄存处与购物篮(车)的配置

(1) 寄存处

对于穿行于卖场中的顾客来说,很多时候她们的手被霸占了,使她们无法充分地感受新的东西。这就提醒门店的经营者,要想办法解放顾客的手,使她们能“两手空空”地在你的店里尽情浏览、触摸、购买各种商品,所以,在卖场入口附近设置一个衣物存储系统是聪明的做法。这些购物者可以把手中的大多数物品都存放进去,然后轻松地继续购物。等她们买完新的东西后,就可以取出存放的物品,接着进行她们下一轮的购物活动,或者坐车回家。应该划入累赘物品之列的不止是上面提到的已购买的物品,可能还包括出门时多带的衣物或者其他一些东西,这些物品都应该跟着已购买的东西一起被放进存储箱里,从而让购物者轻松地完成某次购物“旅程”。

(2) 购物车/篮

解放顾客的手,不光要体现在帮助她们把累赘物品存放起来,同时还要体现在购物过程中。当她们在看中了一样又一样东西的时候,如果没什么可以帮助她们承载这些东西,相信她们很快就会结束购物之行。所以,她们需要购物工具,即购物车或者购物篮。这样,就可以保证她们的手从头到尾都是灵活好用的,也意味着随时可以触摸让她们感兴趣的东西。这不正是商家们所期望的吗?

① 购物车

顾客如果不是来购物,她们就不会来门店了。即使有些人是抱着闲逛的心理来的,但卖场所具有的即兴消费功能也会让这些人花钱。所以,既然她们是来购物的,那么就请在她们即将进入卖场的时候给她们一辆购物车。当顾客手中有了购物车之后,心理就发生了变化,尤其是对于闲逛的人。第一,她们会觉得自己也应该买点什么,不然推着一个空车走来走去也不是很好看;第二,只要把一件商品放进车里,原本打算闲逛的人就开始改变心意了,最后她们也许会变成消费最多的顾客。

为了能让更多的人推着车走,最好的办法是安排一个服务人员,当顾客朝着购物车走去的时候,热情到给她们一辆车,这是很小的一个举动,但是顾客会很开心,因为这体现了对她们的关心。在这个讲究"顾客至上"、"为顾客提供贴心服务"的时代,这个微小的举动正是这种服务精神的体现。但是很多门店都忽略了这一点,让顾客直接与冷冰冰的购物车打交道。

② 购物篮

不管如何花精力猜测顾客的心理,总是有些顾客不按照商家的安排去做,既不肯推上一辆购物车,也不肯提着一个很轻的购物篮,她们就这样进去了。

可是,她们会一直这样走下去吗?也许有人会说,有些顾客在进门店之前已经盘算好了要买的东西:"我今天打算买一包方便面、一个拖布和一盒糖果。"而这些,两只手足以应对。但购物的结果却证明了顾客的做法并不是这样的:顾客进店之后买完自己计划的东西,可能还会碰到其他值得买的物品。这时候,她们会发现自己需要一个工具解放自己的双手,即使不一定是为了继续买东西,仅仅是为了让手空出来。但有些门店忽略了这一点,只把购物车和购物篮放在了入口处或者某个楼层的自动扶梯口处,而其他的地方就再也见不到购物车和购物篮了。面对这样的情况,顾客常常会放弃想多买的物品,或者为了新看中的东西而放弃已选中的东西,没办法。两只手能拿的东西就那么多。这时,如果有人能把购物篮递给她们,她们就不用费心取舍了。

要提供这种机动的服务就对购物篮的放置位置提出了要求。能满足顾客需要的方法是:除了在入口或者某个楼层的自动扶梯口处放置外,在销售区中还应该固定几个位置也放置一定数量的购物篮。当然,这些位置需要测试。在主动线的一些位置放上购物篮,每次销售高峰过后,看一看哪里的购物篮剩下最少,说明哪里最需要放置购物篮,时间一久,就找到了最佳地点与最佳数量。

有人曾经做过试验,当顾客空手进入卖场的时候,最多可能购买 4 件商品;当拿上购物篮后,平均购买件数成了 5.5 件;当把购物篮换成购物车之后,平均件数上升为 6.5;主动线上再分布一些购物篮之后,平均件数上升为 8 件。通过这些手段,不花一分促销成本就可以把顾客平均购买的商品件数由 4 件提高为 8 件,何乐而不为呢?

③ 在购物车/篮上花点心思

现在大多数门店都会提供两种类型的购物工具:购物车和购物篮。经营者的考虑是:当顾客不准备买很多东西的时候,就可以选择购物篮,它体积小,穿行方便;当顾客准备买很多东西的时候，就可以选择购物车，一般的购物车都比购物篮大得多。

但这种考虑是不是最符合顾客的心理需求呢？商家的出发点没错，根据顾客购物的数量和重量提供不同体积的购物工具。但是他们忽略了购物篮其实是不适合顾客的，因为提东西的感觉无论多轻都还是有重量感觉的，提的时间越长，这种重量感觉就越大；而推车的人们总是感觉车里的商品好像没实际重，这是由于车轮的滚动帮助了她们。所以，购物篮应该取消，取而代之是应是小型购物车，也就是说门店应该提供大小不同的两种购物车，准备大量采购东西的顾客就可以推大的购物车。取消篮子还有一个好处，就是可以避免当顾客为了看某件商品而把购物篮放下，看完后又要提起篮子进行的弯腰或者下蹲动作。频繁地进行弯腰和下蹲，除了会使人不耐烦以外还会造成疲劳感。

④ 允许顾客把购物车推到她们需要的位置

通常情况下，走出收银台就意味着此次购物之行已经结束。从货物交换的角度来讲，顾客的一次购物是以付款为结果的。但是，商家的服务并不应该因此而停止，体现在购物车上，就应该允许顾客把购物车推到她们需要的地方。

有些门店为了管理上的方便，通常会在收银台不远处就“截获”这些车，然后让顾客自己提着袋子走出去。这样的做法不太妥当，特别是那些买了很多东西的顾客。多数情况下，提的袋子越多也代表着分量越重，此时把车收走，顾客也许不会说什么，但不代表她们就赞成这种做法。所以，最佳的做法就是允许顾客把车推到她们需要的地方，可能是停车场，也可能是离她们乘车最近的地方。一般来说，只要不是离开门店很远以及需要穿过马路，应该都没问题的。

如果商家允许顾客把车推走，前提是留下 100 元押金就可以了，等还车的时候就把押金退给她们。这种做法适合在小区内的门店，他们的主要顾客就是小区住户。现在的小区规模越来越大，顾客想买较多的东西也是一件挺辛苦的事情，年轻人也许不那么介意，但对于年老的人，身体就不允许了。如果小区内的门店能推出这项服务，只要交上一部分押金，就可以利用店里的车把东西送到家，相信会有很多人喜欢这项服务的。

2. 垂直交通设备

垂直交通的设置与商业空间的顾客流线设计紧密相关，与空间的布局组织也有着很大的关系。同时，垂直交通对空间气氛影响很大，经过装饰处理，可以使其除了运行功能外，本身也作为吸引人流的视觉中心，起到点缀、活跃空间的作用。因此，它的设计对整个商业环境的好坏影响很大，直接影响到顾客的行为乃至门店的经营。

(1) 垂直交通设备简介

① 自动扶梯

扶梯可运送大量顾客，因此在大门店使用扶梯比较合适，顾客无须等待。扶梯可设计成为若干层服务，常用的使用方式如下：

- 连续式——连续的直线型扶梯只允许在单一方向使用。
- 叠加式——只在单一方向运行一段距离。
- 单交叉式或称剪刀式——分别在单一方向运行一段距离。
- 双交叉式——分别在两个方向运行一段距离。

自动扶梯往往设置在中庭交通枢纽及出入口等人流密度较大的地方，它在中庭的布置可分为周边式与穿越式。此外，还可将它设在建筑室外，人们可通过它直接进入各层商业空间，这种布置方式不仅引导性强、方便顾客，而且创造了一种城市景观，成为商业建筑的一种特色与标志。

对于无中庭的商业空间来说，自动扶梯的设置有三种方式：

- 设在平面的几何中心。
- 设在平面的一侧。
- 商业厅外设交通厅。

垂直交通的设置依据商业区域面积而定。大型商业中心往往需设两处以上自动垂直交通，如西单购物中心、北京当代商城。

目前我国生产的自动扶梯倾斜度为27.3°～35°，当采用35°时，扶梯的提升高度不超过6.1 m。扶梯常用的速度为0.45 m/s～0.5 m/s，方向可以倾斜。自动扶梯的形式除了直线型，还有弧型。必须注意的是，自动扶梯上下两端水平部分3 m范围内不得兼作他用；当厅内只设单向自动扶梯时，附近应设与之相配合的楼梯。

② 直梯布置

一般四层以上的商业空间应设置垂直电梯。普通客运电梯多与封闭式疏散楼梯联合设置，它便于对目的层的直接输送。景观电梯通常布置在室内中庭，具有垂直运输与观光的双重功能，也有紧贴高层塔楼的外墙进行安装的。景观电梯轿厢装饰华丽、造型多样、设计得当能增强商业空间的景观与动态效果，活跃环境气氛，但造价比较昂贵。

电梯的具体设计有各种技术要求，它包括：电梯位置应与入口有适当的距离，以免妨碍人流过往和等候，电梯厅应设在不受人流干扰，并在入口处尽可能看到的位置。电梯可以设计成组，设置成组的电梯具有如下优点：

- 可最大程度地使用电梯井和机房。
- 可简化结构的设计和维护。
- 可更有效地使用地面层。
- 可减少等候电梯的时间。

电梯机房应设置在电梯井上，该位置可减小结构的荷载。液压电梯机房靠近电梯井或其他方便的位置设置。此类电梯运行速度比电动电梯的速度慢，但所承担的荷载也大，因此，机房必须设在底层，而不必在顶层。

除了载人电梯，门店中货梯的设计也是一项重要内容。货梯的类型和尺寸通常由货物的种类和尺寸决定。货梯一般设置在卸货口的附近，以便于将货物直接运到仓库。等候厅尺寸至少是轿厢尺寸的1.5倍。货梯的载重量为500 kg～2 000 kg。货梯的行驶速度并不重要，这是由于它的运行时间远比装载货物的时间少。在实际设计中，由于各种原因，销售层与仓库和工作区需要置于不同层时，小型杂物电梯常用来运送食品、文件等。这种小型货梯常用于餐厅、面包店、鞋店和电子商场等。典型的杂物电梯载重量为100 kg～200 kg。

③ 楼梯

目前，载客电梯、自动扶梯成为主要上行运输工具，而楼梯渐渐只用于顾客下行时的通道。在现代化的门店中，上、下均以自动扶梯解决，以满足顾客舒适、方便、安全购物的目的。

楼梯有开敞式与封闭式两种。开敞式楼梯通常结合商业空间的中庭、大厅或广场进行设计，设在自动扶梯附近或与其并置，也可设在室外，对顾客人流起引导作用。还可以将楼梯与自动扶梯组合设计，并结合不同的交通空间，设计不同的楼梯与之相对应。楼梯的造型多样，有单跑、双跑、三跑、转角、螺旋、圆形、弧形等。

疏散楼梯一般只作疏导人流用，使用人次较少，在无下行扶梯的门店中，也作下行用；在有下行扶梯的门店中，在停电和发生火灾等特殊情况下起疏散作用。封闭式楼梯是作为疏散楼梯进行设计的，当建筑高度超过 24 m 高度时，应按防火规范要求作防烟处理，并宜布置在易于寻找的位置且应有明显的指示标志。

一般来说，楼梯的总宽度以最大楼层的建筑面积为准，一般按每 100 m^2需 0.6 m 净宽计算。疏散楼梯的数量和宽度等应严格按国家的防火规范执行，并按该宽度指标结合疏散路线的距离、安全出口的数目确定。

④ 坡道

与楼梯、扶梯相比，坡道应满足无障碍设计的要求，方便老幼病残及输送物品。坡道有很好的视觉效果，但是占地面积较多。倒如，香港太古广场将环绕溜冰场的各层走廊设计成一个螺旋式坡道，使人们可居高临下观赏滑冰运动。对于残疾人坡道设计，通常与阶梯并设，坡道要缓，一般不大于 1/12，两侧应有保护装置；坡道的起点、终点、转弯处必须设休息平台，若较长则每隔 9 m 设一个，宽度需根据环境而定。在室内，单辆轮椅通过时净宽不得小于 0.9 m。

(2) 垂直交通系统注意事项

① 位置的设置

垂直交通的处理必须考虑顾客流线，注意入口与垂直交通的相互关系，使顾客在同一楼层的流线连贯，尽量减少死角的产生。垂直交通的设计原则是满足安全、快速地运送和疏散客流为主要目的，因此，交通工具分布应均匀，一般情况下，将主要垂直交通设在平面的几何中心，并尽量靠近主要出入口。另外，交通设施前需要留一定的人流缓冲面积。设计时应对商业空间内主要垂直交通布置与顾客流线的关系进行详细分析与设计。

② 装饰与指示

垂直交通设施的构件可作适当的装饰处理，如在自动扶梯的扶手下方顺坡连续或间歇设置线形荧光灯带、花束带或草木盆栽，起着上下空间的导向作用，既醒目又有韵律。同时，可对楼梯、扶梯的下部或旁侧空间加以利用，如设置水池、雕塑、植物栽种、展示等。

除了装饰处理，指示处理也必不可少。在卖场，有的顾客也许刚刚从楼梯旁边经过，但还是会向售货员询问："楼梯在哪边？"首先，应该在入口处张贴 POP，向顾客介绍二楼、三楼经营的商品项目。为了便于顾客找到楼梯的位置，还有必要在地板上、楼梯的侧面张贴 POP，以引导顾客找到楼梯。如果想进一步提高顾客上楼的兴趣，可以将楼上的主要商品或推荐商品拿一部分在楼梯下展示。还有一种方法就是在楼梯的第三级处设置一个展台，在这个展台处展示一些具有吸引力的商品，被这个展台吸引的顾客登上三级台阶后，或许很自然地就上了二楼。

3. 陈列用具的设置

卖场内应该使用什么样的用具摆放商品？卖场的主要目的就是销售商品。货架并不是卖场中的主角，而是配角，它的作用就是辅助主角——使商品发挥其魅力。摆放商品的用具有平台、货架、玻璃橱柜、挂钩、冷藏柜等，在考虑卖场使用什么样的用具摆放商品时，经营理念是一个重要的因素，但最应该优先考虑的还是商品本身，根据不同商品的不同形状、形态，摆放它的用具也有很多种类。

经营者头脑中必须首先考虑的是：这种陈列用具能否充分发挥商品的魅力，这样的平台能否陈列畅销商品，是否有助于提高销量，等等。卖场布局不是一成不变的。随着季节变化、举办活动以及商品结构变化等，陈列用具当然也需要经常调整。因此，与专门订制的陈列用具相比，能够随意支配的既成品更受欢迎。当既成品的用具不合适无法满足需要时，再考虑定做专门的用具，才会减少不必要的支出。

在设计卖场时，决定通道宽度以及客流动线之前应该首先将摆放商品的用具画入图纸中。同时，还要考虑用具上摆放的商品、顾客购买时的情形，也要将用具的高度以及种类等因素考虑进来。

4. 收银设施设置

(1) 收银台的位置规划

根据客流动线的设计目标，顾客从大门进入后，将卖场全部转遍，最后到达收银台，这是最理想的布局。因此，应该根据主通道的设置以及磁石商品的陈列位置，将收银台设置在客流的延长线上。理论上，这样便可以为收银台找一个比较合适的位置。但在实际工作中，由于卖场的形状、卖场内的柱子等原因，收银台的位置并不那么好决定。而且根据收银台数量的不同，设置方法也不尽相同。每天的客流量以及每位顾客购买商品的金额也对设置收银台的位置有所影响。一般来说，百货公司通常将收银台散落布置在卖场各个区域，一定程度上可以调节客流量，且有明显标志，同时收银台前要相对宽敞。自选商场将收银台排成一条线设在出口处，以便统一收银。

(2) 如何解决收银排队问题

大量调查表明，顾客等待付款结算的时间不能超过 8 分钟，否则就会产生烦躁情绪。在购物高峰时期，由于顾客流量的增大，卖场内人头攒动，无形中又加大了顾客的心理压力。顾客等待的时间越长，就越不满意。因此，管理收银排队在某种意义上成为商店获取顾客满意、加大竞争优势的一种措施。

① 从运营规划角度缓解收银排队问题

归根到底，收银排队等待是由服务不能储存的特性和店铺收银接待能力与顾客需求不平衡造成的。在很多情况下，按照运筹学的排队论设计的收银接待能力是固定不变的，而顾客获取服务的需求却经常波动，总是难以准确预测，当顾客对收银的需求超过店铺提供服务的能力时，收银排队等待的现象就出现了。解决的办法主要集中在两个方面，即从需求方面入手，调节需求来适应服务提供的能力，一般来说店铺总是希望顾客越多越好，所以店铺不可能压制顾客购买，最多是调整需求，如通过一些时段性的促销活动来调节销售曲线的走势，所以根本的办法还在于从供给入手，调节收银接待能力，使之更好地适应顾客的需求。

如果收银通道非常多，收银员的效率足够高，顾客不需等待很长时间，排队拥挤的状况就不会很严重，然而，由于收款台的设置成本较高——购买金额不菲、侵占营业面积、需付相应的收银员的工资——不是每个店铺都会设置足够多的收银通道的。所以增加收款台数量不是好的解决办法，最好还是优化已有资源，发挥最大功效，而优化收银接待能力可以从规划设计的角度来入手。

● 快速通道的设置。店铺对顾客的期望是他们买越多的东西越好，但并不是所有的顾客都会帮助店铺实现这个梦想，有的人就买那么一点东西。所以这一部分人在排队结账的时候就和那些买很多东西的人发生冲突了。如果让他们排在前面，那当然好了，但先来后到的规则不允许他们这么做。大多数人都有这种经历，有时候只买了很少的东西，但是却不得不排在一个买了很多东西的人身后，看着他的东西一样样地被结账，真是一种煎熬。

对于这种情况，设置快速收银通道是一个聪明的举动，这种方法很人性化、很合理，买得多的人排在一个队伍里，买得少的人排在另一个队伍里，各自在相应的范围内结账，方便了有不同需求的人。但这个做法似乎正失去它的意义，在很多大卖场里，快速收银通道已经变得和其他的收银通道没有什么不同了，原因在于不少顾客选择结账通道时都是哪里人少就在哪里排队，并不会去区分普通收银通道和快速收银通道，收银员也没办法。卖场方面尽管也经常接到顾客有关快速通道的投诉，但苦于没有妥善解决的办法，也就只能顺其自然。如果不能发挥快速收银通道的作用，还不如不设置，不然本意是为了方便顾客，结果却招来顾客的抱怨，那就不妙了；如果还是希望能通过这种方式满足顾客的不同需求，店铺和店员就应该坚持原则，时间久了，相信顾客就会理解这种做法，并自觉遵守了。因为这种做法本来就是为顾客着想的，并非是店铺自己要得到什么。

● 收银台自身设计要合理。这儿有一个很好的例子。在一家有名的大型百货商店，卖女鞋的老板认为他需要更多的空间来放展品，因而只好缩减收银台的面积。以前店员在收银台上打包，现在只能把鞋盒放在地上然后把鞋拿下来放在里面。这样就增加了操作步骤，同时增加了店员的体力劳动，女店员这样忙一整天下来，就会感到筋疲力尽。研究表明，由于劳累，下午完成每笔交易所用的时间几乎是上午的两倍。缩减款台空间带来了一些混乱，使得每次交易不如以前干脆，销售规划的细微变化影响了设计，这同时也给运营带来了不便。为了多摆出一点鞋出来(也许只有十二双)，交易时间延长了，顾客的耐性被消磨了，店员的精神和士气也减弱了。店员卖鞋子比任何展品都有效，因此上述决定是错误的，所以收银台必须足够大，能够满足除收款之外的其他辅助功能。

● 避免收银台附近的拥挤。大部分店铺认为，当顾客来到收银环节，商品的销售已成定局，无须再浪费心思来挽留顾客。其实，许多顾客都觉得，收银台前的拥挤比其他所有地方的拥挤都更难以忍受，因为如果其他地方拥挤，他们可以选择回避，而收银通道是必经之路，想回避也回避不了。店铺管理者应该想到，顾客在收银台前仍可能因为拥挤心烦而放弃为购物车里的商品付款，这样的事情如果发生，店铺就前功尽弃了。更严重的是，来到此处的顾客大多身心疲惫，购物的兴趣已经消失，拥挤会让他们倍感烦躁，整个购物过程中的好印象被大打折扣，说不定出门后心有余悸，不愿再次光临了，成为回头客的概率大大降低，所以一定要解决好收银台附近的拥挤问题。所以比较可行的办法是，适当拓宽收银台与货架之间的距离，6 m左右的距离对稍大一点的卖场来说绝对是必要的。

② 从心理认知的角度缓解收银排队

顾客对服务的满意度是通过他们自身的认知来判断决定的，其满意度取决于顾客的认知和预期之间的关系。当顾客对现实情况的认知大于或等于原来的心理预期时，顾客就会满意。换句话说，不管顾客实际等待时间有多长，只要他们认为可以忍受，就可以忍受。因此，店铺如果能通过采取措施来对顾客等待的认知产生正面影响，以超过或满足顾客原来的预期，这样目的就达到了。不仅如此，采用心理认知管理方法的最大好处是成本低廉，且容易实施，毕竟改变顾客的感觉比缩短实际等待时间要相对好做一些。

● 尽可能告知顾客需要等待的时间。为了克服顾客在等待中所面临的焦虑，店铺可以提前告知他们所需要等待的时间长度，如果他们认为等待的时间过长，就会选择离开，但如果他们决定留下来，则在所告知的时间长度内一般会耐心等待。必胜客(Pizza Hut)比萨连锁店，会准确告知顾客等待的时间，并关注等待之中的顾客，隔一段时间就为顾客送上一杯饮料以表示他们没有被忘记，有时候这段时间较长，但是由于提前告知顾客使他心中有数，不再着急，这是一个比较不错的办法。

● 保证排队有序。混乱的队伍让人感到讨厌和紧张，但如果顾客知道他们会按照先来后到的顺序享受服务就会很放心，感觉排队的时间也没那么长。这就是缩短时间的奥秘——排除不确定因素，减少感觉上等待的时间。如何组织排队交款一直是购物环境中的难题。当然，最快最公平的方法就是把所有的顾客排成一个队伍，这样顾客肯定能按到达的先后顺序排队，而不必费心去判断那个队伍是最快的。不过这里也有一个问题，有时队伍会变得特别长，会让着急的顾客感到不安。不知为什么，人们总感觉一个 15 人的队伍比 3 个 5 人的队伍更烦人。现在的店铺多采取后面一种做法，将大多数顾客分散到不同的收银台上，店铺也为此安装了很多收银台。可是，如何找到排队人数不是很多或者某个队伍里的人要买的东西最少也成了一个问题。如果让顾客自己去找哪个队伍结账队伍比较快，他们可能会错过最短时间结账的队伍。所以建议店铺派出一些工作人员在收银台附近走来走去。当他们发现哪个收银台上人数很少，而周围其他收银台上人数很多时，就建议排在长队伍后面的顾客到其他的队伍中去。

● 分散顾客的注意力。候车室里可以提供大的电视显示屏幕，让顾客等待的时候，可以观看电视节目，帮助他们轻松度过等待的时间。银行也可以提供大的电子显示屏，当顾客等待服务的时候，播放一些新闻和其他信息以分散顾客的注意力，使得等待时间更易容忍。店铺在处理收银排队的问题上也可以使用这种方法。店铺可以配置电视，屏幕正对顾客播放一些影碟，让顾客的眼睛、耳朵不闲着。事实证明，这种打发时间的方式常常是最有效的。

但是这里有两点要注意：第一，电视不要放得太高，否则顾客可能因为仰头时间太久脖子痛而拒绝看电视。在有的店铺里，他们常常将电视吊在很高的位置，结果几乎没有人去看，因为人们需要仰头才能看清电视节目，这时电视的设置就是一种浪费。第二，根据不同时段的主要顾客类型有选择地播放他们喜欢的节目，同时注意不要播放大型肥皂剧，因为差不多一小时才能看完一部，如果有人看得上了瘾，他反而不急于结款，站在那里成了别人的障碍。最好是播放一些轻松的短剧，如动画片等。国外有家公司的电视通常会放映将要上演的大片预告。总经理说，在生意繁忙的时候，尤其周末，播放预告片使队伍更有秩序。“因为所有的人都在盯着画面，他们常常会感到奇怪，时间过得可真快呀，他们都没想到自己在排队。顾客对这种做法很欣赏，这使得这个排队过程更加有趣”。

还有一种更为简单的变通方法就是陈列报纸或杂志。现在大多数报纸的价格都很便宜，而且种类也很多，如果收银台附近放一个报纸陈列架，上面配备多种报纸，想必顾客也不会觉得等待是很无聊的事，这个办法对男性顾客尤为有效。不过对于那些陈列的报纸，千万别把年初出版的报纸摆到年尾，或者报纸破烂、脏污的严重，这样的报纸只会给店铺减分。

● 与等待的顾客聊天。一般来说，有人与顾客进行交流会让顾客感觉等待时间过得较快。让一个店员对顾客的耐心等待表示感谢，或者做一些较为合理的解释，就能自然而然地缓解购物者等待时的焦虑，尤其当他们刚开始等待时。

某外资大型连锁店的经理就很喜欢和顾客交流，每当出口处的队伍变长了一点，他就会走出办公室，来到收银通道前，既像一个加速完成紧急计划的稽查员，也像一个喜剧演员。他的出现似乎使收银台前的队伍移动加快了，同时他也自得其乐。在高峰期，这个经理就是收款之前的服务员，他会告诉顾客有哪些优惠，或者对顾客的购买发表一点自己的意见。总之，因他的存在，不仅缩减了顾客感觉上的等待时间，实际上也缩减了真实的等待时间。

● 巧妙利用，引发关联消费。实际上除了这种单纯的分散注意力角度的娱乐休闲措施之外，聪明的店铺把等待时间看成了一种无形资产，一个少有的机会。这时顾客都站在一个地方，面朝同一方向，没多少事情可做，这个时候店铺如果合理利用这段时间，如传达信息、做做广告等，会有意想不到的收获。

现在许多店铺在顾客购物金额上都会做一些文章。例如，买满××元就可以有什么样的优惠。这些信息不光是在顾客走进店铺和经过店铺的时候做，在顾客准备走出店铺的时候也应该做。因为在购物前对这些信息的浏览，顾客获得的信息是“买多少可以得到多少优惠”；而在购物即将结束的时候，由于许多计划外的购买，这时候顾客得到的信息是“我买了多少东西，我得到的是哪种程度的优惠”。宣传单发挥的是完全不同的作用。所以，在收银台附近陈列这些信息，就让顾客把注意力转移到研究自己有什么好处上了。

目前在收银台周围经常会配置一些即兴消费品，在人们与这些即兴消费品的互动中，时间过得快了。但在这部分商品的陈列上要注意两点：第一，要明白这些东西是为队伍中的第二个或第三个顾客准备的，而不是第一个顾客。所以商品陈列的方向应该是面向顾客而不是收银员，要知道面向收银员就失去了陈列这部分商品的意义，因为这时只有正在结账的顾客才能看到这些商品，而正在结账的顾客一般都不会再买东西了，很多收银台在做这方面的陈列时都犯了这个错误。第二，陈列架的高度。收银台毕竟不同于卖场，所以陈列架的高度以不挡住大多数人水平向前的视线为宜；摆放在底端的货品也不应该出现让人弯腰或者蹲下的情况，在收银台附近那片狭小的空间里，顾客会排斥这种做法。

5. 其他服务设施设置

(1) 标示设施

良好的标示可指引顾客轻松购物，也可避免卖场内产生死角。标示设施主要包括进门处的门店配置图，让顾客在进门时就可初步了解自己所要买的商品的大概位置。此外，各商品的位置也有机动性的标示（如特价品等），卖场内也应悬挂各种促销海报、POP或使用营造气氛的设施，还可以摆放介绍商品或装饰用的照片等，这些都是相关的标示设施。除此之外，标示设施还要考虑收银台、卫生间、出入口、紧急出口等标示是否显而易见；各部门的指示标示是否明显等。

(2) 服务台

在卖场中，除了销售商品的空间外，还需要各种各样的空间。其中，服务台就是一个。收银台是顾客结账付款的地方，那么服务台是用来做什么的呢？一般来说，服务台主要具备以下几种功能：为顾客办理送货服务；受理退货、退款业务；替顾客包装商品；投诉、索赔窗口。除此之外，还解答顾客的各种疑问。

服务是与商品销售紧密相连的，作为与顾客交流、接触的窗口，服务台的地位变得越来越重要。使自家卖场的服务台具有特色，创造与其他卖场不同的特点，是满足顾客需求、将顾客固定下来的好方法，像经营家用电器、家具这种需要送货上门以及提供维修服务的送货时间、维修内容等售后服务的具体事项。另外，对于经营礼品的卖场，包装服务的好坏直接关系到卖场的效益。顾客送礼当然希望包装精致华美，如果卖场的包装服务能够推陈出新，必然使顾客对其留下深刻的印象。为了将顾客固定化，卖场一般都推出积分卡和预付卡服务，这也是服务台受理的主要业务之一。总的来说，服务台的作用就是向顾客宣传除商品以外本卖场在服务方面的特色。

根据行业和经营状态的差别，有的门店没有设置服务台，而是通过收银台代行服务台的部分职能。此时，就需要张贴 POP 向顾客宣传服务的具体内容。

(3) 洗手间

所有大型卖场都有一个共同点，那就是洗手间必定非常清洁卫生。门店的洗手间是为顾客准备的，洗手间给顾客留下的是卖场整体印象的一部分，而且洗手间里微小的一点瑕疵都特别容易给顾客造成不好的印象。特别是餐饮卖场中的洗手间，由于顾客使用频率比较高，因此那里也成为宣传卖场形象的一个重要窗口。对于洗手间，经营者应该着重对以下几个方面进行检查：

① 洗手间的位置是否有明确的标志

大多数顾客都有找不到洗手间的经历，有的门店洗手间甚至别具“特色”——暗藏在门店柜组里层，很难让顾客发现，即使发现了，很多顾客都不敢确信地走进去。

② 洗手间要够用

假设按照门店的接待能力，每天接待 15 万人次的顾客。那么这 15 万人次的顾客，在 13 个小时的营业时间里，会有 1 万人次的顾客有在门店上厕所的需求，每个顾客大解的时间大约为 4～5 分钟，按此测算，门店至少需要 50 个蹲位，才能满足所有顾客不在门店内排队上厕所。此处，还需要注意一个问题，那就是男女比例的问题，现在大多数的洗手间规划没有和目标消费群体相对应，就连麦当劳、肯德基这样的国际连锁店里都存在女用卫生间排队很长的问题，都忽略了门店购物女顾客居多，售货员一般也是女性，如果门店把男女比例平均分配，就会带来很多不便。

有的门店洗手间数量极少而且每个都小得让人转不过身，真的很难想象这里的洗手间在客流量高峰时节是怎样的“炙手可热”。洗手间还会对日常的卫生打扫产生影响，营业员每天早上会有 10～15 分钟的时间做打扫工作，需要清洗抹布拖把，如果洗手间过小或没有设置专门清洗拖把的水槽，可想而知情况将会多么糟糕。所以洗手间大小一定要够用。

③ 细节处理

卫生纸的补充是否及时；是否为顾客设置了放物品的地方；是否有不干净的地方；是否为残疾人准备了专用洗手间；另外，有的门店在洗手间中张贴购物指南、宣传单等，向顾客进行宣传。在使用洗手间的时候，不少顾客都会稍做休息，因此这里张贴的宣传材料往往都会起到显著的效果。

(4) 试衣间

百货商场以及服装专卖店以豪华的装修来吸引顾客，是时下不少商家不惜重金打造的一项工程。然而很多富丽堂皇的门店，往往都在一个细节上出现了败笔——试衣间。试衣间可以说是决定服装是否能够顺利销售出去的一个重要环节。作为顾客而言，买不买只有试了才能决定，可是，往往由于试衣间在隐私、大小等方面令顾客感到尴尬，从而导致生意泡汤。

① 良好的私密性

试衣间最致命的问题就是私密性不够。每个顾客在试衣服的时候都要经历私密性很强的阶段，所以在试衣间的设计上，应该着重设计保护顾客隐私的问题。例如，试衣间的“门”要严密，有的门店用的是布帘，拉不严时会留下一道缝，这将给顾客造成尴尬，影响欣赏服装的心情，顾客自然就失去了购买的欲望。

② 面积要适当

通常的试衣间都是只有 1 m^2，恰好只能容下一个人，尤其那些内衣专卖店。对于体型高大的顾客，试衣间往往显得过于狭窄。如果再考虑到试衣间内部的基本设施之后，试衣间最少应该有 1.5 m^2，甚至更大。

③ 良好的功能性

衣服挂钩、座椅和干净的拖鞋是试衣间最基本的配置，有些门店还准备了卸妆用的设备与梳子。当然，试衣间里面也应该安装镜子，有很多人都希望自己试衣的时候可以不用出来照镜子，这样试衣过程中可能出现的窘态不至于被他人看见，而且也不必担心被那些无论你穿什么都会赞扬不止的售货员所误导。

(5) 休息区

购物是一件比较劳累的事情，因此对于卖场来说，休息区是必不可少的。在一项公共项目调查中发现，一张椅子可以让顾客行走的距离加倍，因为他们容易疲劳，但若是给他们一个休息的地方稍作休息，他们就可以继续往前走而不是返回了。休息过后，他们会走出更远的距离，也就意味着可能买更多的东西。

在缺少休息区的环境下，顾客会选择离开或者自己寻找“休息区”，只要是能坐下的地方，顾客就会去坐一会儿。这种情景与整洁舒适的购物环境明显不相称，而顾客们的心里也会觉得不舒服，他们在缓解身体疲劳的同时，也在责备自己坐在不适当的地方，但是有什么办法呢？

大多数的门店里都有收费的休息区，如一些卖咖啡、茶点的休闲驿站，但是顾客会为休息付出的价格昂贵望而却步，所以商家必须考虑免费休息区，也许门店里的免费座位区不能做到像咖啡屋那样安静、舒适，但是也应该相对地安静一些，只有这样，顾客才能“养好精”“蓄好锐”。如何营造一个安静一些的座位区是有方法的，经营者们可以充分利用门店里的布局，给顾客创造一个合适的座位区，如某片空地，或某个角落，使它相对地脱离于售卖区外。如果座位区不能设置在顾客很容易发现的地方，那就应该把它的位置标示清楚，以便为有需要的顾客提供服务。有些门店本来有些很好的免费服务项目，但往往都因为没有做好明确的标示和说明，导致顾客即使看见了也不知道是免费的。对于座位区来说，如果能再搭配一些休闲读物，如报纸、杂志、漫画就更好了。

在门店门口设置座位也可以增进门店的销售额，但是很多门店并没有意识到这一点，有的甚至放着供应商免费提供的椅子和太阳伞不用，宁愿让它们躺在仓库里睡大觉也没想到把它们拿出来“造福”顾客。

案例：留住人就留住钱，商家重点打造顾客休息区

随着商场间竞争的日趋激烈，商家想尽办法满足顾客方方面面的需求，不少商场已看到自己在服务设施方面的不足，努力开拓以求为更多的顾客提供便利。其中，商场内提供的顾客休息区如今成了商家们争夺客源、提高销售的又一法宝。记者在几家商场采访时，看到有不少男士坐在休息区内悠闲地看着报纸，还有的则是照顾身边幼小的孩子。其中一位告诉记者，爱逛街是女人的天性，但这却苦了他们这些陪逛者，看着商场琳琅满目的商品和货架，自己就抑制不住地头晕眼花。他说，常常陪妻子逛商场时，总是她逛她的，说好了在什么地方等着，两人再会合。另外一位则认为平时在家是妻子带孩子的多，而出来逛街购物则是自己照看孩子，以便让妻子轻轻松松去购物。

据业内人士介绍，一些较高档商场的休息区使用率都是很高的，首先是为了营造一种舒适的购物环境，满足购物者的休息需要。因此越是高档商场，其公共空间就会越多，如走廊、通道要足够宽，每层至少要有两部扶梯等。因为一个舒适完善的购物环境会极大地刺激购物者的消费冲动，留住了家人和孩子就又多留住了一个购物者，而一个嘈杂拥挤的购物环境只会使人望而却步，所以越来越多的商场已将休息区列为必不可少的又一服务项目。

（资料来源：联商网）

（四）后方配套设施规划

1. 作业场和仓库

以超市为例，超市的商品不外乎生鲜及干货两种。对生鲜食品而言，需有作业处理场。作业场是门店进行商品化的场所，也就是将原材料加以分级、加工、包装、标价的场所。在大型超市里，通常必须有果蔬、水产、畜产以及日配品等类别的加工处理场所，而小型门店因场地的关系，有时有并用的情形。生鲜食品的作业场应注意温度的控制以及排水的处理，一般应远离卖场，以求符合卫生条件。对干货而言，就需要有一个仓库，作为进货后的暂时存放场所。应注意的是后场的仓库仅作为进货至陈列期间进行短暂存储的场所，而非长期存放，其周期应为1～2天。目前，由于物流公司的功能越来越强，可为卖场提供较佳的服务，因此后场的仓库有逐渐缩小的趋势。当然，作业场位置的安排以及与卖场的连接也应引起注意，应该尽量做到商品配送、货物流转时间短，所费人工成本低，一般来说在位置设置上有以下三种类型。

(1) 凹凸型设置。所谓凹凸型设置，是指卖场区域选择凸型布局，而储存加工区选择凹型布局。这种设置的好处是，可以使储存加工区的商品与卖场货架保持最短距离，有关人员无须过多走动，就能进行上货、补货操作；每类商品储存加工区与卖场区合为一体，便于商品库存控制，提高商品储存效率。

(2) 并列型设置。并列型设置也叫前后型设置，是指卖场在前，储存加工区在后的布局，这种设置布局简单，储存加工区相对集中，进货容易，比较适合中小型门店使用。

(3) 上下型设置。比较常见的是卖场在下边，仓储加工区在楼上。另一种情况是指卖场设置在上面，仓储加工区设置在下面，如地下，通过传送带将商品从地下转移到地上。这种布局有时是由于地形限制不得已而为之的方法。其最大的好处在于卖场得到最大限度的利用；而不足之处在于上货补货不方便，要增加相应的传输设备，在一定程度上增加了经营成本。当然对于仓储式卖场来讲，也有专门做如此设计的企业，如宜家家居就是卖场在上面，仓库在下面，方便顾客最后取货。

2. 生活办公设施

生活设施是有关员工的福利设施，主要有休息室、食堂、化妆室、浴室等。优良的福利设施不仅有利于员工的招募，短暂舒适的休息更可提高员工的工作效率。对生活而言，清洁的维护是非常重要的一环。办公室通常是店长或店内主管办公的场所。此外，店内的会计、出纳、人事以及监视系统、背景音乐播放系统等都应在此管理。

3. 建筑工程

最主要的建筑工程是电气设备、给水排水设备、卫生设备、管道煤气设备以及消防设备等，此处重点介绍电气设备和消防设备。

门店的强电配置需要充分地、详实地计算其电量需求。因为每天的运作电量需求很大，电梯、空调是耗电“大户”，一次照明(天花板照明)和二次照明(柜台、货架、壁柜、灯箱广告等)消耗电能也较大，另外还有很多配套设备需要用电。所以对强电的把握就是要进行充分的点容量测算，保证电量足够的供应，才能符合商业标准。弱电的特点是类型较多，电话、消防、广播、POS、监控系统的用电都属于弱电范畴。在设计弱电配置时，要充分考虑的一个重点就是每个弱点插口的分布位置。

消防设备规划时，以下四个方面需要格外注意：

第一是消防梯的方向。设计消防梯方向须兼顾消防法规和商业需求。一般来说，消防梯最好是贴角放置，或在正中间转向，如此既不违反消防法，又可以让整个卖场空间更通透，布局更方便。实践中很多卖场死角很多，就是因为建筑设计人员在消防梯的设计上只遵守了消防规范，却没有遵循商业规范。

第二是消防分区。消防分区应和门店的业态分区相对应。大型门店常常要容纳百货、卖场、餐饮等多个业态，设立消防分区时要针对不同业态特点科学规划，而不能胡乱地、想当然地划分，否则会破坏整个物业的商业空间，实现物业的商业价值最大化也就无从谈起。

第三是消防栓。商场消防栓和消防按钮的放置必须要有统一的规划和安排，否则既影响美观，又不方便，更容易暗藏安全隐患。如果将消防栓和消防按钮放置得合理，处理得好，就可以利用消防栓的柱面设计一个漂亮的灯箱广告，一举三得。

第四是消防卷帘门。消防卷帘门的放置应该建立在节约物业空间的基础上。众所周知，卷帘门后边不能摆货，如果消防卷帘放在正中间，就很不利于门店面积的分配，而且会浪费大量使用面积，可以让消防门槽挨边下滑，这是符合消防规定的。设计消防卷帘门时要在遵守消防法规的基础上灵活变通，因地制宜，这样才能有效地节约面积、提高收益。

链接　门店消防系统组成

(1) 消防标志

消防标志是指店内外设置的有关消防的标志，是国家统一的标志，如“禁止吸烟”、“危险品”、“紧急出口”、“消防设备”等。全体员工要熟记消防标志。

(2) 消防通道

消防通道是指建筑物在设计时留出的供消防、逃生用的通道。员工要熟悉离自己工作岗位最近的消防通道的位置。消防通道必须保持通畅、干净，不得堆放任何杂物堵塞通道。

(3) 紧急出口

紧急出口是店内发生火灾或意外事故时，需要紧急疏散人员以最快时间离开时使用的出口。员工要熟悉离自己工作岗位最近的紧急出口位置。紧急出口必须保持通畅，不得堆放任何商品或杂物堵塞出口。紧急出口不能锁死，只能使用紧急出口的专用门锁关闭，紧急出口仅供紧急情况使用，平时不能使用。

(4) 疏散图

疏散图是表示商场(超市/连锁店)各个楼层紧急通道、紧急出口和紧急疏散通道的标志图。它提供在危险的时刻如何逃生的途径，疏散图须悬挂在门店明显的位置，供员工和顾客使用。

(5) 消防设施

消防设施是指用于火灾报警、防火排烟和灭火的所有设备。消防器材是指用于扑救初起火灾的灭火专用轻便器材。门店主要的消防设施有：

① 火灾警报器：当发生火警时，超市的警报系统则发出火警警报。

② 烟感/温感系统：通过对温度、烟的浓度进行测试，当指标超过警戒时，则烟感/温感系统发出警报。

③ 喷淋系统：当火警发生时，喷淋系统启动，则屋顶的喷淋头会喷水灭火。

④ 消防栓：当火警发生时，消防栓的水阀打开，喷水灭火。

⑤ 灭火器：当火警发生时，使用灭火器进行灭火。

⑥ 防火卷闸门：当火警发生时，放下防火卷闸门，可以隔离火源，阻止烟及有害气体的蔓延，缩小火源区域。

⑦ 内部火警电话：当火警发生时，所有人员均可以打内部火警电话报警，便于迅速组织灭火工作。

(6) 监控中心：监控中心是商场(超市/连锁店)设置的监控系统的电脑控制中心，控制超市消防系统、保安系统、监视系统。监控中心能通过图像、对讲系统24小时对超市的各个主要位置、区域进行监控,第一时间处理各种紧急事件。

(7) 紧急照明:在火警发生时,门店内的所有电源关闭时,可启动紧急照明系统。

(8) 火警广播:当火警发生时,在营业期间或非营业期间,广播室都必须进行火警广播,通知顾客,稳定其情绪。

四、课后练习题

(一) 简答题

1. 门店中不同的商业空间如何进行功能定位?
2. 论述卖场布局的基本类型及不同类型的优缺点。
3. 试述卖场通道设计应该注意的问题。
4. 橱窗对顾客有哪些影响?
5. 橱窗设计有哪些要求?
6. 如何合理规划购物车(篮)?
7. 如何解决收银排队的难题?

(二) 案例分析

1. 图2-11是某百货商场一楼的草图,该商场单层面积7 500 m^2,长150 m,宽50 m,目前在入口处是中厅共享空间,共享空间后面是自动扶梯,这种类型的商场普遍存在一个问题,主动线不能贯穿全场,商场的本意是顾客进入卖场后沿虚线在卖场走一圈之后从自动扶梯处上二楼,可实际情况是顾客更多地沿着实线在扶梯附近绕一小圈直接上二楼,形成了狭长形楼体的客流小循环问题,卖场两边成了死区。请为该狭长形卖场规划提出合理化建议,解决客流小循环问题。

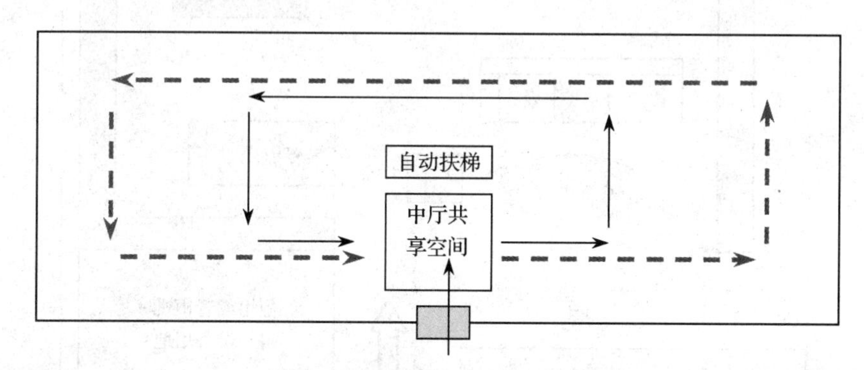

图2-11 某百货商场一楼顾客运动路线

2. 图2-12是一个比较有代表性的服装店铺平面图,左边最前面做了橱窗或模特展示,右边是入口,入口前面方格是展台,货架后面方格是小票台,其余方格是货架,粗黑色的边框表示柜组内部边柜,挂有商品展示。试结合店铺导购员的跑位站位仔细分析该店铺卖场规划中存在的问题及改进思路。

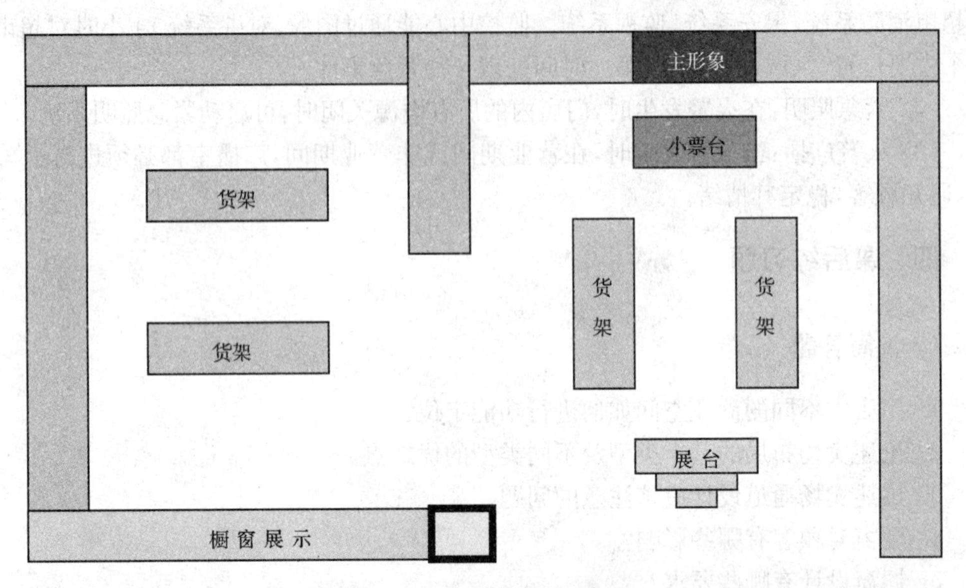

图 2-12　某服装店铺平面图

3. 图 2-13 是在百货商场拐角处经常遇到的一种柜组形式，由于地处商场的拐角，所以其左右都会有柜组或者柜机房等设备用地造成其柜组区域与商场主通道的接触面较小，这种柜组往往是内部面积大而外部顾客的入口较小。该图左前方是沙发、茶几，▒ 的部分是商品的陈列展示部分，柜组内部陈列线中的 ■ 部分是主形象牌，其前面是小票台，下面的箭头表示客群主流向。试分析该柜组规划错误之处，并提出改进建议。

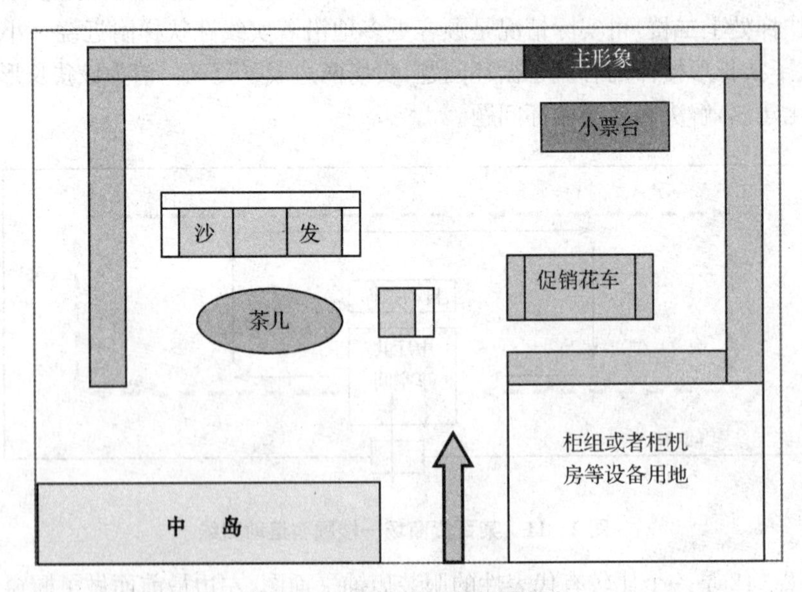

图 2-13　常见的一种柜组形式

单元三:卖场货位布局

一、学习目标

(一) 能力目标

1. 能够对商品空间、顾客空间、员工空间进行合理分割;
2. 能够对各商品所需的卖场面积进行科学计算合理分割;
3. 能够对卖场不同布局位置的商业价值进行科学评估;
4. 能够对各种不同商品在卖场中的位置进行科学确定。

(二) 知识目标

1. 熟悉货位布局的意义和类型;
2. 熟悉显性磁石与隐性磁石;
3. 掌握公平货架原则的含义;
4. 掌握品类角色对货位布局的影响;
5. 熟悉各种常见业态的货位布局。

二、任务导入

假设华润苏果计划在南京市天景山社区附近开一家 2 000 平方米左右的社区店,目前物业的基本情况是长 40 米、宽 50 米,长面临街,为了降低工作难度,柱间距不考虑,请在上一单元基本的卖场平面图的基础上,清楚标出各品类的具体位置及面积分配,详细信息不便标到图上的可以用表单的形式附后说明。

注:各位授课老师可以选择一家学生熟悉的卖场进行该项目训练。

三、相关知识

卖场规划进行了空间的功能分割、通道的设计以及服务设施的规划,然而不同的商品应该给多大的面积,不同的商品应该安排在什么位置尚未提及,所以本单元将围绕商品的货位布局展开探讨。

(一) 商品卖场面积的配置

如何利用有效的陈列空间来获取最大的经营绩效是每一个经营者所关注的。各种商品在卖场面积的配置是关系到门店经营成败的关键环节,如果面积配置不当,会造成顾客想要的东西不多，不想要的却泛滥，不仅占用了卖场空间，也积压了资金。所以门店经营的几百、几千种的商品按什么原则分配面积，是卖场货位布局首要解决的问题。

1. “货架份额＝市场份额”原则的含义和不足

(1) “货架份额＝市场份额”原则的含义

不同商品类别包括其中每个单品应该分配多少陈列空间，不只是陈列的问题，而是涉及商品管理的问题。以单品为例，每个单品应该分配多少面积呢？假如货架上有三个商品：高露洁超感白牙膏、高露洁全效牙膏和高露洁草本美白牙膏，很多连锁企业往往采取最省心省力的做法：平均陈列量，它们平均分配陈列空间，各占33%的货架。然而它们之间的销售量却是不等的，假设超感白和全效的日销售量是一样的，都等于草本美白的1/4。这会造成什么样的结果呢？当草本美白销售完时，超感白和全效只销售了1/4。此时，如果草本美白不补货，就会脱销造成销售损失。而连锁企业和供应商对补货时间或补货量都有一定的要求(如最小订单量)，无形中加大了脱销的可能性。当超感白和全效销售完货架上的商品时，草本美白已经脱销3天或补了3次货。

如果采用上述分配原则，即以商品表现来分配陈列空间就可以避免这种情况。由于超感白和全效的销售量只有草本美白的1/4，所以其陈列空间也只有草本美白的1/4，这样3种商品会同时售完。上述分配原则不仅可以有效地减少缺货，而且可以提高运作效率，也就是按照商品的市场表现来规划陈列空间，让陈列空间分配与产品的市场份额保持一致，这种方式被称为“货架份额＝市场份额”原则。

(2) “货架份额＝市场份额”原则的不足

由于上述原则的产生主要来自于一些大型的生产企业，他们最初提出的该空间分配标准是希望整个市场的变化与门店的变化一致，这样就能够保障这些领先品牌在这些门店的利益，有利于加强他们的市场地位，排除或者减少对他们的地位的潜在威胁。然而，这种分配方式也令很多中小品牌生产商和连锁企业提出异议：认为将营业空间的分配与销售直接联系是不合理的。

① 忽略了门店的空间弹性

“货架份额＝市场份额”原则忽略了门店的展示影响力，不可否认展示空间的大小将会促进产品销售。需要注意的是，销售空间与销售额之间并非呈线性关系。当一个商品部的销售处于饱和状态时，即使再增加销售空间也不会提高销售额。例如，一家门店的男士服装部每平方米的销售额高于鞋部，于是门店决定减小鞋部的销售空间，扩大男士服装部的销售空间，希望能够创造更多的销售额，但结果却是男士服装部的每平方米的销售额下降了，鞋部的总销售额也下降了。对于门店来说，陈列空间调整后，其商品的销售数量会有所不同，这就是门店的空间弹性。一些早期的国外零售专家甚至提出标准空间弹性是0.2，即陈列面积增加1倍，销售数量增加20%。然而实际情况远比其复杂。

例如，食盐类等冲动消费较差的商品，只要不断货，陈列空间的变化对其销售数量不会有明显的变化。而经常购买的早餐类商品，增加展示空间会产生显著影响，但是很快就又会恢复正常。例如，花生、瓜子等属于顾客偶尔购买的商品，由于大部分的顾客不会特意去寻找，在展示空间逐渐增加的时候，销售的增加速度会滞后，一直到陈列面积达到迫使顾客增加对它的注意，销售量才会猛增。

② 无法保证商家的经营利润

周转速度快的商品或者处于市场领先地位的品牌商品不一定能给连锁企业带来最大利润。对于连锁企业来说，利润是第一位的。虽然有些市场的主导品牌能够带来一定的销售额，但是由于这些商品的价格透明度较高，往往属于顾客的敏感商品，同时还容易引发商家的价格战，因此销售数量大的市场主导品牌所能带来的利润是微乎其微的，甚至可能使连锁企业成为厂家的"免费搬运工"，这是连锁企业最不愿意看到的，无法保证利润的商品，谁还愿意经销呢？

③ 可能因空间问题而无法展示

对于很多连锁企业而言，这些大型的生产制造企业的产品线往往是非常庞大的，其商品的包装可能从 50 g 到 5 kg 存在十几种商品规格。而门店的陈列面积有限，不可能将所有的市场领先的品牌进行全方位的陈列。即使门店进行了全品项的陈列，也未必能够获得应得的最终效益，因为毕竟每一个门店所面对的顾客群体不同，不同的顾客群体的购买品项也有所不同。

④ 可能会造成商品种类少而单调的印象

对于门店来说，如果仅仅陈列那些主导的市场品牌和周转速度快的产品，可能会减少大量的二线商品品牌，给顾客造成门店的商品种类少，很单调的印象。

⑤ 忽略了新产品的影响力

对于门店来说，需要不断地更新自己的商品品种和商品结构，所有的商品都存在发展、高峰、衰退的销售生命周期，因此仅仅关注商品的市场绩效则容易忽略新产品的增长，掩盖了新产品的市场潜力，使得企业无法发掘出可能存在的明星商品。

2. 如何合理确定面积配置标准

(1) 面积配置的影响因素

既然面积的分配标准不能以销售数量为主，那么应当关注什么指标呢？连锁企业可能往往会为这一问题犯愁：假如有两种饮料，在过去的 3 个月中都有 5 万元的销售额，那么，它们是否应该有相同的陈列空间呢？不一定，因为它们的利润不一样。又假设它们的利润一样，都是 1 万元，那么，它们是否应该有相同的陈列空间呢？不一定，因为两者的周转速度不一样。再假设它们的周转速度一样，都是每周 3 箱 72 个，那么，它们是否应该有相同的陈列空间呢？不一定，因为两者的产品大小不一样，可能一个是"汇源"大包装果汁，另一个是小瓶的"露露"，即前者的体积是后者的 4 倍。所以，即使它们过去的销售均为 5 万元销售额，1 万元利润，每周周转均为 3 箱 72 个，如果"汇源"的陈列排面为 2 个，则"露露"的陈列排面应该为 8 个，根据商品单位体积进行调整。再假设这两种饮料是"承德露露"和"椰树牌椰汁"，包装体积一样，但是，这两者的季节型变化特征不一样、是否促销、是否有替代产品等均不一样，所以，两者的陈列面积会因为各种原因而出现差别。

(2) PSI 值的确定

通过上述的一系列分析，可以发现其实不能单纯依靠一个经营指标来决定空间的分配。连锁企业首先要根据商品的重要程度设定一个综合指标——产品重要度指标(Product Significance Index，PSI)。

通常情况下，先测量门店的实际陈列空间。例如，某门店陈列碳酸饮料共有 10 组货架，每组货架5层，每层的货架宽度是120 cm，那么就可以用占整个货架的百分比及该种商品的门店销售业绩、利润、品牌度等综合绩效考评结果进行估算，合理安排出最适当的排面。

在制定产品重要度指标的时候，连锁企业可以根据自己的管理需求分析供应商的重要性、品牌价值、销售数量、毛利、长宽高尺寸、利润、销售额、周转率、新品推广、自有品牌、季节变化、区域人口特征等因素，这些因素都可能影响单品的重要程度。

当然，没有一种产品重要度指标的定义和分析方法是绝对客观的。例如，对于奶粉品类，连锁企业的考核项目有三个指标：利润、周转率和销售额，不同的品类经理给出的权重比值可能有所不同，甲经理为4∶1∶1，乙经理为3∶1∶1，丁经理为2∶1∶1，不同的权重比值会对商品的分析产生不同的影响。一般而言，不会有品类经理将其设为0∶1∶1，因为奶粉品类主要考察利润。如果出现重大分歧，则品类经理需要坐下来讨论该商品在本企业中的定位。权重依据该品类的角色和策略来制定，如果该品类的策略是提升利润，利润的权重可以稍高，但指标也不能太多，否则会失去重点。待基本方案确定后，可适当考虑一些其他因素（如营业外收入）进行微调。

（3）面积配置的其他注意事项

① 物流对面积的影响

有些企业从物流角度出发，要求商品的最低订购量是一个标准箱，当货架上只剩下几个产品时，必须再补一箱货，此时货架所需的陈列数量就要多于一箱。因此货架陈列的基本原则是最少要有一箱半的陈列空间。

② 缺货状态对面积的影响

在陈列空间相对较少的时候，连锁企业需要依靠商品的陈列空间的调整达到快速补货的目的，因为并不是所有的缺货商品都能在门店内找到替代商品。缺货现象的发生将会给顾客带来诸多的不便，因为缺货或断货并不是指货架中某品项的陈列量为零，而是低于陈列量的下限。对于生鲜品或其他日用品来说，低于陈列量下限，顾客会立即中止购买。例如，某品项的最低陈列量为3个，而当货架中只剩下一两个商品时，顾客会想：这是别人挑剩下的；这是旧的；这个存在质量问题或者这是谁也不买的商品。特别是顾客初次购买的商品，这时他的戒心或不安非常强烈。但是当陈列商品数量为3个时，顾客的心理就会发生变化，他会把这种陈列状态理解为补货之前的状态。出于这种理解，部分顾客会继续购买。因此该商品陈列数量的最低下限为3个，当低于这个下限时，即使畅销品，其销售也会迅速停滞。这就是畅销品必须大量陈列的原因所在，是"货卖堆山"的心理基础。但是，高单价商品低于最低陈列数量时，顾客的不安感就会大大减轻，如高档服装、首饰、家用电器等。顾客会认为这是理所应当的。不过即便如此，有时为了打消顾客的不安，也需要售货员的现场解释。

③ 门店形象和定位对面积的影响

德国零售巨头阿尔迪只拿出1.9%的营业面积给冷冻食品，而马莎百货却给该品类提供的空间达到18%。门店的空间分配方式和结果反映出企业的市场定位和形象，连锁企业应当避免给顾客留下什么生意都做的印象。至于定位，连锁企业可以利用GIS（地理信息系统）的相关数据，加上POS数据和管理知识，根据商圈环境的变化进行相应的调整。

④ 商品的获利性

在各类商品的陈列空间分配上，应当以顾客需求为目标，而不能以追求毛利为主导。如果因某个商品的直接商品利润较低就将其撤出，结果可能会导致顾客流失，所以在没有做购物篮分析（后面会讲到）的前提下做该项工作是非常错误的做法。

⑤ 其他情况

如产品的销售弹性，通常情况下，冲动购物的商品的陈列空间要大于弹性小的商品的陈列空间；连锁商企业战略规划的需求，往往连锁企业的自有品牌陈列空间要大于供应商品牌商品的陈列空间，战略合作伙伴的商品的陈列空间会大于关系疏远的供应商商品的陈列空间，具有一定价格优势的商品的陈列空间会大于其他商品的陈列空间等。

对于门店来说，无论规模的大小，最了解门店市场环境和商圈顾客的是门店本身。因此，空间的分配应当由门店的管理层和计算机管理系统共同决定，不可由企业总部一刀切，这样不仅忽视了门店的个性化，更会影响企业的竞争实力。

（二）货位布局

1. 货位布局的依据

（1）根据卖场位置的优劣布局

① 位置等级与商品配置

在卖场中有一些很奇怪的地方，有的地方无论放置什么商品，都会畅销，而有些地方恰恰相反，即使把最畅销的商品放在那里，也会变得不好卖。无论放置什么商品都畅销的地带就叫做“一等地带”，主要有下列一些位置：门面附近、主通道沿线、货架的端部、展台、通路的尽头、楼梯间的平台、正对楼梯口的地方。也就是说，客流量多的地方容易成为一等地带。入口处是每位顾客的必经之路，主通道也是八成顾客都会经过的路线，被顾客看见的几率高，当然也就销售得好。为了使第一商品在卖场内更加显眼，将它们摆放在容易被顾客看到的地方是最重要的一点。

反过来，无论摆放什么商品都不好卖的地方称为死角或者盲区。死角是由于卖场本身的结构所造成的，如楼梯下部、职员出入口附近、柱子的里侧、有凹凸的地方等，常常会成为被顾客冷落的死角。但是，那些所谓死角也不是无药可救，可以通过聚光灯照射、张贴大型 POP 等方法吸引顾客的注意力，一样可以取得很好的效果。虽然在死角上下工夫是必要的，但是只有把主要精力集中到如何在一等地带合理配置商品，才是提高销售额的根本途径。正是基于这种考虑，所以门店布局时会根据商品赢利程度进行布局。

每一楼层的价值也大不一样，随着楼层上升，楼层价值会因顾客的减少而下降，如果门店的营业场所是租来的，那么每层的租金是不同的。有些专家认为，不同楼层负担的租金应该是这样的，以三层门店为例：三层占 15％，二层占 30％，一层占 40％，地下层占 15％。

一些门店，在进行商品布局时，事先对商品的赢利程度进行了分析，然后将获利较高的商品摆放在门店最好的位置上，以促其销售，而将获利较低的商品摆放在较次的位置。不过，有时也有例外，例如，为了扶持或加强不太赚钱的部门商品，门店也会考虑将这些商品放置于最好的地点；还有一些门店将新产品放置在最佳位置，以便引起顾客注意；还有些门店为让顾客形成良好的第一印象而将外表美观的商品放置在入口处。

② 过渡区问题

如果用客流量作为划分位置等级的唯一标准，那么入口处生意会最好，可是有时情况未必如此。顾客进门后会放慢脚步，适应光线，关注视线范围所及的物品。同时，他们的眼睛、耳朵和神经末梢也正对其他环境因素做出响应，换句话说，虽然他们已经进入门店，但实际上要再过一会儿才能真正融入进去。

上述情况说明门店入口处存在一个过渡区，如果在过渡区里卖商品，很难引起人们的注意，如果放广告牌，很难让人看清它在说什么。过渡区除了适用于门店入口处，还可扩展到整个门店的各个楼层。在门店的各个楼层，顾客看到的第一个商品并不一定就有优势，有时甚至恰恰相反。在电梯口和商品之间保持一些距离，可以让顾客在走近这个商品之前多看商品几眼，这样就会产生一些视觉预期。例如，准备买男装的顾客不太可能到了第一家就买，不与其他家作比较，等他来到男装商场的中间地带时，可能就觉得已经有足够的自信和信息来做决定了。所以，正对电梯的品牌卖得不一定好也就不足为怪了，因为这种位置不留客。

不仅如此，顾客从一个卖场/部门/品类走到另一个时，经常会发生思维滞后的现象，也就是所说的过渡区情况。例如，顾客买完蔬菜（图 3-1 中的 A 部门），过渡到下一种商品（图 3-1 中的 B 部门）时，思绪往往还停留在刚才蔬菜的挑选过程中。在这个极短暂的过程中，顾客会对刚才购买商品的使用目的、功能、质量、价格等进行评价和斟酌。这个反思过程只有数秒左右，但在此期间，顾客可能已经走出 1.2 m～2 m 的距离，如图 3-1(a)所示。这一段距离，也就是部门与部门连接点位置，常常被顾客所忽略，一般商品即使在这里有陈列，也近于浪费。这就是许多供应商不愿意把商品陈列在部门与部门连接位置的原因。

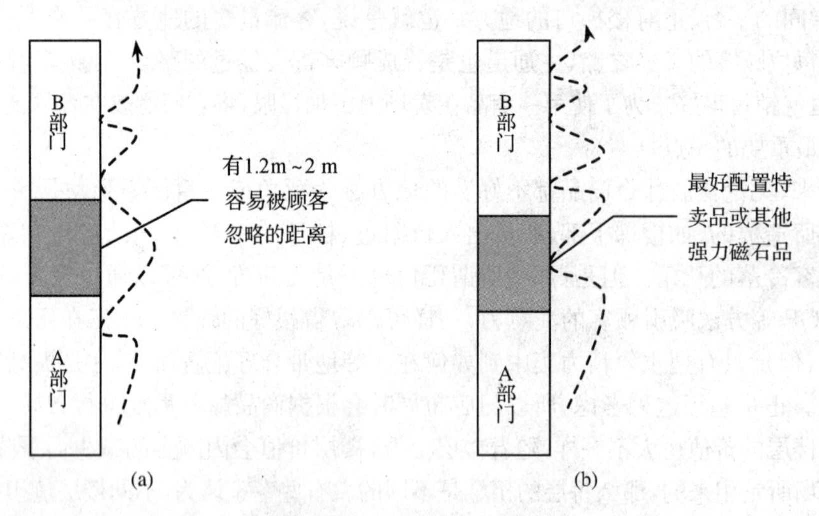

图 3-1 商品部门连接处

所以对过渡区的建议：一是不要在过渡区安排重要的商品或活动，可以考虑陈列一些能引发冲动的特卖商品，或具有强力磁石效果的商品，如图 3-1(b)所示。例如，某些超市会在出口处附近陈列饮料、酒类、洗剂、卫生纸等反复购买性商品，就是因为这些商品容易吸引视线，而且顾客对这类商品作购买判断时，不需要花费太多的时间和精力。二是采取措施尽量缩小过渡区。

(2) 根据商品性质进行布局

商品根据其性质特点不同可以分为三大类：方便商品、选购商品、特殊商品。方便商品大多属于人们日常生活用品，价值较低，需求弹性不大，顾客比较熟悉。购买这类商品时，顾客大多希望方便快捷地成交，而不愿意花长时间进行比较挑选，故这类商品宜放在最明显、最易速购的位置，如门店前端、入口处、收款机旁等，便于顾客购买以及达到促销目的。

选购商品比方便商品的价值高、需求弹性较大、挑选性强、顾客对商品掌握不够，如时装、家具、自行车等。选购这些商品，大多数顾客希望获得更多的选择机会，以便对其质量、功能、样式、色彩、价格等方面进行详细比较，因而这些商品应相对集中摆放在门店宽敞或走道宽度较大、光线较强的地方，以便顾客在从容的观察中产生购买欲望。

特殊商品通常指有独特功能的商品或名贵商品，如珠宝、名人字画、工艺品等，购买这类商品，顾客往往经过了周密考虑，基至确定购买计划才采取购买行为，因而这些商品可以放置在店内最远的、环境比较优雅、客流量较少的地方，设立专门出售点，以显示商品的高雅、名贵和特殊，满足顾客的心理需要。

(3) 根据磁石理论布局

该理论认为，商品都如磁石一般，对顾客有一定的吸引力，根据各种商品吸引力的大小，可以分为“第一磁石”、“第二磁石”、“第三磁石”、“第四磁石”和“第五磁石”。一般在布置门店时，把五种磁石商品布置在最合适的位置，将卖场设计成合理的导购磁场，往往第一磁场首先吸引顾客，由第二磁场吸引顾客到纵深处。以超级市场为例，仔细分析该理论(如图 3－2 所示)。

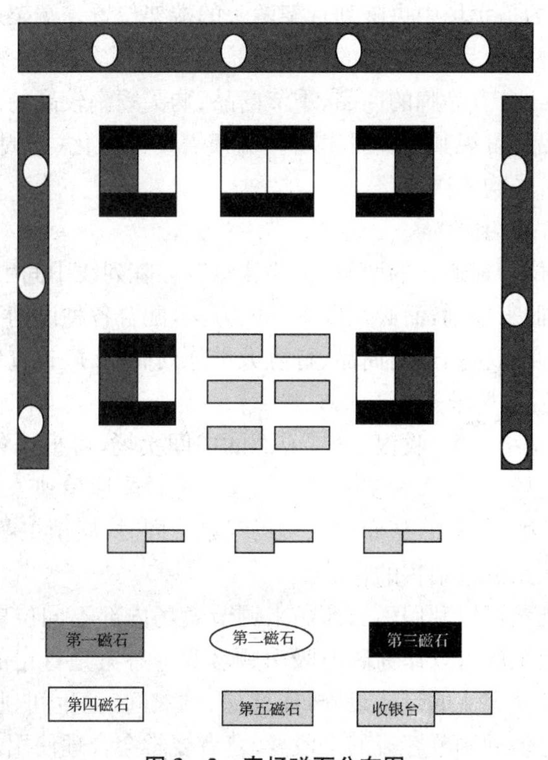

图 3－2 卖场磁石分布图

① 第一磁石卖场:主力商品

第一磁石位于主通道的两侧,是顾客必经之地,能拉引顾客至内部卖场的商品,也是商品销售的最主要的地方。此处应配置的商品为:

● 消费量多的商品。

● 消费频度高的商品。消费量多、消费频度高的商品是绝大多数顾客随时要使用的,也是时常要购买的。所以将其配置于第一磁石的位置以增加销售量。

● 主力商品。

② 第二磁石卖场:展示观感强的商品

第二磁石位于通路的末端,通常是在超市的最里面。第二磁石商品负有诱导顾客走到卖场最里面的任务。在此应配置的商品有:

● 最新的商品。顾客总是不断追求新奇。10 年不变的商品,就算品质再好、价格再便宜也很难出售。新商品的引进伴随着风险,将新商品配置于第二磁石的位置,必会吸引顾客走入卖场的最里面。

● 具有季节感的商品。具有季节感的商品必定是最富变化的,因此,超市可借季节的变化做布置,吸引顾客的注意。

● 明亮、华丽的商品。明亮、华丽的商品通常也是流行、时尚的商品。由于第二磁石的位置都较暗,所以配置较华丽的商品来提升亮度。

● 顾客最关注的品牌商品。

③ 第三磁石卖场:端架商品

第三磁石卖场指的是卖场中央陈列货架两头的端架位置。端架通常面对着出口或主通道货架端头,第三磁石商品,其基本的作用就是要刺激顾客、留住顾客。通常情况可配置如下的商品:特价品、自有品牌的商品、季节商品、购买频率较高的商品、促销商品、高利润的商品等。端架商品,可视其为临时卖场。端架需经常变化(一周最少两次)。变化的速度,可刺激顾客来店采购的次数。

④ 第四磁石卖场:单项商品

第四磁石卖场指位于辅通道的两侧,主要让顾客在陈列线中间引起注意的位置,此位置的配置不能以商品群来规划,而必须以单品的方法,配合各种助销手段对顾客表达强烈诉求。在此应配置的商品包括热门商品、特意大量陈列商品、广告宣传商品。

⑤ 第五磁石卖场:卖场堆头

第五磁石卖场位于结算区(收银区)域前面的中间卖场,可根据各种节日组织大型展销、特卖的非固定性卖场,以堆头为主。其目的在于通过采取单独一处、多品种、大量陈列方式,造成一定程度的顾客集中,从而烘托卖场气氛。同时,展销主题的不断变化,也给顾客带来新鲜感,从而达到促进销售的目的。

也许有人会问,既然可以利用磁石商品来调节卖场内部不同位置的客流冷热不均情况,那么是否还有其他东西可以作为磁石吸引顾客呢?答案是肯定的。首先除了磁石商品,门店中还有很多带动客流的设备设施,如楼梯、试衣间、卫生间、收银台、礼品台、辅助加工区、顾客休息区等多种调节客流的手段,经营者要学会合理使用。

另外,磁石理论到目前一直是在平面上进行的分析,是否可以将它延伸到多层门店立体客流的调节中呢？现代商场很多时候最高层是快餐、娱乐、特卖，如果考虑到位置等级，此处位置最差，理应配置最不好的商品，不是因为上述项目赢利最低，而是因为有其他考虑。对于很多顾客而言，逛大商场时，最少光顾的地方就是商场的高层了。一是逛到商场中部楼层时已经觉得疲劳，二是一般商场的布局规律都是把好卖的商品分布在低楼层，高楼层在商品大类规划上吸引人的东西不多。针对这一问题有的商家在最高楼层想尽办法，以物美价廉的商品作“诱饵”，吸引顾客直奔最高层选购。随后，在最高层“战果辉煌”的顾客会在先期低价格购买高质商品的刺激下，意犹未尽地向下逛其他楼层卖场。这样卖场的人流由上至下，我们形象地称之为“喷淋式客流”。也许高层商品不怎么赚钱，但目的在于增人气，赚人气带来的其他楼层商品销售的钱。喷淋式客流设计的关键是商场最高层在经营大类上要有吸引力，除了名品特卖场还可以考虑游乐场、小吃街等，或者把营销活动时的礼品台等多种磁石设计在高层。此时在硬件设施的配备上必须有通往商场最高层的垂直电梯，并且做到在低楼层少停甚至不停，以方便带动客流直通顶层。

(4) 根据顾客行走特点进行布局

欲知怎样卖，先知顾客怎样走，门店只有知道顾客会走哪条路，才能明智地判断出该在哪里放哪种商品，或者在哪里摆放商品才能吸引购物者。所以，要合理地分布商品还应该研究、分析顾客在门店内行走的特点。一般来说，顾客进门的行走方式有以下几个特点:不愿走到店内的角落里，喜欢曲折弯路，不愿走回头路，有出口可能会出去，不愿到光线幽暗的地区。因此，连锁门店(尤其超级市场)应该设计多条长长的购物通道，避免设捷径通往收款处和出口，这样可以吸引更多顾客走完主干道后，能转入各个支道，把店内浏览一遍，产生一些冲动性购买。

另外，客人喜欢左拐或者右拐也会影响店内商品的布局。正常情况下，顾客会沿着同样的路线行走，假设绝大多数的购物者走进门店之后都喜欢往右边走，当然，人们并不是向右急转弯，而是很随意很平稳地就转过去了，那么这对门店的管理者有何意义呢？一家服装店以经营妇女、男子和儿童的衣物为主。管理者将女装区和男装区分设在商场入口的左方和右方，将童装区设在商场的后部。他们希望女性顾客们在给自己买完服装后，能顺便为丈夫和孩子挑选一些衣服。也许他们想得没错，事实上，大多数丈夫和孩子的衣服都由身为妻子和妈妈的女性购买。可是管理者们失望了，他们发现只有女装的销售差强人意，男装和童装少有人光顾。经过多日观察，他们发现，大多数女性顾客入门后，都会向右边走，等到发现自己置身于男装区后立即调整方向直奔门店左边的女装区。在女装区逛完之后，她们大都不再回到右方，甚至也不会到右后方卖童装的地方去了。

为什么这些女性顾客在看完女装之后，很少再光顾男装和童装区呢？因为她们没有从左往右走购物的习惯。可以推测，如果管理者将女装和男装的陈列位置调换一下，女性顾客(主要顾客群)就会在最短的时间内被吸引，在心满意足地逛完女装部之后，受到右偏行走习惯的影响，自然而然地走至童装区和男装区为家人购物。

所以，顾客左拐还是右拐对门店布局影响很大，为此门店设计人员需要通过实地调研来分析。从全球统计情况来看，更多的人有右偏行走的习惯，与右偏行走习惯相伴的，是人们使用右手向右边取物的习惯。当人们面对陈列架站着时，最方便的就是伸手去拿身体右侧的东西。因此，如果门店希望向顾客推销什么商品，就应该把这些商品摆在顾客所站位置的右侧。例如,当要在一列货架上同时陈列普通商品和品牌商品以及我们正全力推销的商品时,就应该按从左至右的顺序来加以排列。人们如何移动看起来似乎很简单,但它却在无形中决定了门店的布局。能否把握人类的移动习惯,在某种意义上决定了门店能否获得高额利润。

(5) 根据顾客的购买顺序与购买频率布局

顾客在店内挑选商品的顺序,实际上大致反映着顾客在实际生活中的使用习惯,下面以超市食品购买为例来分析该问题。通常情况下,顾客在超市的食品售卖区的基本购买顺序是:生鲜食品—半生鲜食品—副食品—调味食品—休闲食品—非食品。这种购买顺序实际上是由顾客每日三餐的菜谱来决定的,是顾客饮食生活习惯的一种直接反映。

在以上购买顺序中,生鲜食品和半生鲜食品是顾客进入超市必买的商品,而且这两项商品的购买内容如何,直接左右后几项商品的购买。例如,顾客进入超市后,发现今天肉馅特卖,决定今天晚上全家吃饺子。当顾客决定了肉馅这种生鲜食品之后,就要考虑吃饺子时的配菜,因此开始考虑半生鲜食品或加工食品中的各种熟食或小菜。顾客会根据饺子及配菜的需求,关心相联的副食品、调味品,以及饭后的休闲食品等。当顾客购足今晚菜谱中所需的食品后,才开始关心其他非食品,因此通常超市会把某些日用杂货品,配置在通往出口的辅通道附近,或靠近款台的位置。

由于生鲜食品和半生鲜食品在购买顺序中的重要位置,因此许多超市把这两大类商品看做“战略商品”,并理所应当地配置在食品售卖区沿主通道两侧的第一、第二磁石点的位置。如果对生鲜食品进行进一步细分,就会发现不仅仅要分析购买顺序,还需要分析购买频率的问题(如表 3-1 所示)。

表 3-1 生鲜食品的购买顺序和购买频率

序　号	购买顺序(先→后)	购买频率(高→低)
1	生肉、生鱼	蔬菜
2	加工肉、加工鱼	水果
3	面包、熟食、加工主食	面包、熟食、加工主食
4	蔬菜	生肉、加工肉
5	水果	生鱼、加工鱼

通过表 3-1 可以看出,顾客在购买生鲜食品时,在购买顺序和购买频率上存在着一些明显的差距。一般来说,生鲜食品在配置顺序上应以购买频率为中心,并结合所在地区人们的生活习惯加以设计。但对于大部分顾客是来“一次性购足”的大型综合超市来说,可以少考虑购买频率,多考虑购买顺序。在日本,蔬菜是购买频率最高的生鲜食品。顾客在超市购物时不管是否购买鱼和肉,蔬菜几乎是必买的。由于大多数蔬菜色彩多样,而且具有质感,顾客即使在较远的距离也能感受到其存在。因此,日本蔬菜卖场一般配置在超市的入口附近的第一磁石点。

中国顾客一般把水果看做休闲食品的一部分,美国顾客则不同。在美国,水果是每餐必不可少的沙拉主材,因此水果卖场通常会设置在离入口处较近的地方,而且会把各种水果配置在主通道另一侧与蔬菜卖场相邻的陈列岛上，方便顾客购买。以前，很多国家的超市常把水果配置在蔬菜之后，但现在由于受美国超市的影响和人们饮食习惯的变化，水果与蔬菜的配置已完全与美国一样，基本配置在入口处的第一磁石点两侧。

由于日本和美国在饮食习惯上的不同，鲜肉、鲜鱼及其加工品的配置顺序也不完全相同(如表 3-2 所示)。在日本超市，即蔬菜、水果之后，基本上是以干鱼等水产加工品为主，之后配置鲜鱼、生鱼片及部分寿司，在这之后才连接加工肉和鲜肉等。但在美国，由于大多数人的日常饮食习惯是以消费肉食为主，因此鲜肉和加工肉是继蔬菜和水果之后的主要卖点。通常沃尔玛等美国超市都把鲜肉、加工肉卖场配置在卖场最里面沿主通道的正中央位置，从而突出肉制品在饮食生活中的重要地位。

日本超市中熟食、小菜、沙拉及加工主食(以米饭、各种饭团等为主)是生鲜食品售卖区中的重要商品群。每天有相当多的顾客以这类商品为目的专门到店内购买，因此熟食和加工主食卖场一般设置在靠近入口或出口的地方。

面包对于欧美人来说，是每餐必不可少的主食。因此，在欧美超市一般把面包房设置在入口处或出口处的第一磁石卖场。对于日本这个以米饭为主食的国家来说，面包通常被看做早餐中的食品或休闲食品，因此，以前通常把面包当作一种特别磁石商品配置在顾客较少的辅通道中，但近些年来，由于日本受西洋饮食文化影响，大城市中越来越多的超市已经和国家超市一样把面包卖场作为主通道中的第一磁石加以配置。在我国的饮食习惯中，面包并不被看做主食。因此在许多超市中，除面包卖场之外，在主通道的第一磁石卖场还设有“主食厨房”卖场，专门为顾客提供馒头、包子、大饼等生活中的主食。

表 3-2　美国和日本在生鲜食品配置顺序上的比较

序　号	美国超市的配置顺序	日本超市的配置顺序
1	面包	蔬菜、水果(卖场入口附近)
2	蔬菜、水果	生鱼、鱼制品
3	鲜肉、加工肉	鲜肉、加工肉
4	水产品	熟食、加工主食(卖场出口)
5		面包

市场营销学一直提倡从顾客需求出发，此处根据顾客的购买顺序与频率进行货位布局，恰恰就是从顾客需求出发的体现。然而由于各地顾客需求不同，所以卖场货位布局理论上来讲也应该不同，加之各企业还要出于自身管理上的便利对货位布局进行调整，所以货位布局只有基本原则，标准模板理论上是不存在的，都要根据实际情况分析定夺。

(6) 根据顾客的其他心理因素调整

① 顾客的价格防备心理

顾客购物时通常会经历这样一个心理历程，一开始对商品心存戒备，等买了一两件商品之后，就会慢慢忘记省钱的初衷，沉浸在购物的快乐中，这时候，即使是昂贵的商品，也很难让她退避三舍。所以对门店来说，研究如何攻破顾客的第一道防线，打开钱袋子是非常重要的。在平时的购物中可以发现，顾客见到物美价廉的商品，往往会毫不犹豫地掏出钱来，因为这笔数目很小，无须过分考虑，而一旦钱袋子被打开，消费欲望就很难控制了。反之，顾客见到价格昂贵的商品就会心生犹豫，“买它值不值呢?”“花这么多钱给我带来多少便利呢?”“这么贵的东西，万一买得不合适怎么办?”根据顾客的这种心理，在货位布局上可以在顾客最先经过的地方陈列价格便宜或家居生活中常用的商品，顾客一方面觉得非买不可，另一方面会想:“好便宜啊，可以放心地挑了!”，这样就打开了顾客的防线。

② 顾客的隐私心理

某些商品带有一定的隐私性，顾客不希望自己的购买行为暴露在众目睽睽之下。在购买这类物品时，往往做不到像买一盒饼干那样从容。顾客在买之前可能要看看这类物品所在的区域，看看周围有什么人。如果这是一个闹哄哄的区域，有很多人走来走去，她们就会失去购买的勇气。

某商场的一个顾客休息区设在女式内衣的附近，所以经常会发生这样的情况:女性顾客走到展台区挑选内衣，突然发现不远处的座位上有人盯着她们看，而且是男性，甚至正在讨论女性对内衣的需求尺码。面对这样的注视，女人如芒在背，有的勉强鼓起勇气继续挑选，有的则立即放弃购物。还有门店将夫妻用品摆在收银台附近，以为这样最方便，人们可以拿着就走。试想，在众多的准备排队结账的顾客的注视下挑选此类商品，需要多大的勇气。对这类商品的销售情况尚无调查数据，但是基本认为，这样的陈列位置是不利于销售的。事实上这类商品在商场中所占的比重通常不大，因此还是比较好安排的，只要将其安置在有遮挡物的地方就可以了。当然，也不能放置得过于隐秘，让顾客看不到，走上了另一个极端。

一些需要试用的商品也应当布置在比较隐秘的空间里。在购买床垫前，人们都希望通过坐一坐、躺一躺来感受一下，如果把它放置在一个公共的地方或者人来人往的位置，躺下的人会觉得非常难堪，如床垫放在门店的前面，外面的人很容易透过橱窗看见人们躺在床垫上的样子，如果顾客是一位穿着裙子的女性，她的淑女形象就会受到挑战了，这种体验实在是太糟糕。所以，应该把床垫摆在避开公众视线的地方，也许只要避开一部分，就会给人以试衣间的感觉，激发顾客对床垫的需求。

③ 避免购物干扰的心理

服务员可以做到根据顾客的需要不打扰顾客，但是在一家门店里却不可能只有一个顾客，各位顾客一起能否和谐共处，就要好好考虑了，因为有时候顾客之间是互相干扰、互相冲突的。顾客会在货架边停下来挑选，当她们被来来去去的人撞到一次或两次的时候，她们仍会接着购物，但如果再被推撞几次，大多数顾客就会选择离开。

美国一家地区性购物中心的连锁杂货店的商品销量一向很好，止痛剂区的销量尤其令人满意。但是从对许多药店和止痛剂区的研究来看，成交率并不十分理想，即真正购买止痛剂的顾客与顾客流量比率相对来说并不高。也就是说，在这家门店里，许多顾客都看了这些止痛药品，但是最后却没购买。按理说，药品的成交率应该是很高的，因为关注它的人基本都是需要的,而不像有些商品适合人们在闲逛时随意浏览购买。那么为什么这个杂货店的止痛剂销量会不高呢?经过几天的观察,有关人员得出了结果,导致止痛剂销量不佳的原因是它们被摆在了饮料区附近。这个结论有点奇怪,因为买饮料的顾客非常多,门店本以为他们可能顺便走来购买药品从而增加其销量,事实上,饮料的主要顾客群体是青少年,他们进店后就直接奔向饮料区,但他们身体健康充满活力,根本不需要止痛剂,真正需要这些药品的是一些中老年人,他们通常会站在药品附近,仔细寻找他们常用的牌子或者斟酌购买哪种更划算。但是他们却不能安静地看药品,因为有许多年轻人在他们身边跑来跑去,甚至推推搡搡。这些真正可能购买止痛剂的人被打扰了,他们讨厌吵闹,讨厌拥挤,讨厌没有一个安静的空间来仔细选购,于是他们中很多人宁可匆匆中断购物,空着手离开。了解这一点后,杂货店决定把止痛剂陈列在门店里最偏僻最安静的地方,尽管光顾此处的顾客总数少了一些,但是总体的成交率却上升了,销量上升了15%。很显然,由于给了顾客一个安静的空间,他们不愿被打扰的心理得到了满足,就可以慢条斯理地挑选商品,进而做出购买的决定。

根据上例可以总结出,一些需要顾客仔细阅读使用说明或谨慎选购的商品,应该放在人群较少通过的地方,如某个角落,或者某个区域的深处。此外,洋酒、名烟、名茶、珠宝、高级礼品等比较高档的消费品也不适合陈列在有太多顾客经过的地方。这些商品本身不是针对所有顾客,其目标顾客往往是少数比较富有的人群,因此,高人流量对它没有多大意义,反而可能带来负面影响。顾客在购买此类高端商品时并不希望被打扰,而是希望能有机会好好研究、比较、挑选,而且此类顾客对购物环境和服务质量的要求相对比较高,一旦被打扰,很可能就离开了。

2. 同一类别内部的配置

货位布局的基本思想是不同的商品大类布置在不同的位置,它的前提是经营者很清楚商品的分类方法,可有些商品的分类并不那么清晰,放入哪个区域也不好明确的界定。第二个问题是,就算经营者清楚商品的分类方法,可是在一个商品大类内部同样面临着进一步分区定位的问题。

(1) 如何做好商品分类

① 传统分类法

门店在组织商品的过程中,企业的惯例一般是首先按照商品特征进行大分类,然后按照制造方法、功能、产地等标准来做中分类,最后再按用途、产地、成分、口味等来进行小分类,并且把同一类的商品在一起陈列,而这种分类的指标更多的是站在商品(或者供应商)的角度来划分,这给货位布局带来的结果就是各个区域的分布也是以商品为出发点的区域分布,如小家电区、果蔬区、纸制品区等。

在传统分类法下必然会出现一些令顾客不便的情况,如单位接待客人之需,领导派小张买一次性纸杯,于是小张来到了附近的大卖场容器类区域,他在陈列着陶瓷杯、玻璃杯的地方,睁大眼睛拼命寻找纸杯而不得,情绪沮丧,就在他计划转投别的门店时,正好过来一位超市工作人员,小张询问有没有纸杯,工作人员把他带到了纸制品区。原来,由于纸杯的供应商往往同时代理卷纸、盒纸等商品,大部分的连锁企业为了便于管理,就将所有这些商品归入"纸制品"的品类里,并陈列在一起。

② 现代分类法

传统分类法中相对忽略了顾客的心理。其实，重要的不是商家认为它属于哪一类商品，而是顾客认为它属于哪一类商品，这就是现代分类法所关注的焦点。由于饮食习惯的不同，我国顾客对果汁和果酒类的归属，以及对这类商品的理解和关心程度与欧美一些国家存在相当大的差异。在欧美国家，果汁和果酒类商品是饮食生活中必不可少的，因此这类商品通常会与奶制品、炼制品组合，配置在主通道两侧的第一磁石点。而在我国，由于生活习惯的差异，果汁常常被看做休闲饮品的一部分。因此，这类商品经常根据商品性质与其他饮料或酒类一起归类，配置在离出口较近的辅通道上。同样上述问题中，在顾客心中，纸杯和玻璃杯、陶瓷杯一样，都属于容器类，都能满足顾客饮水的需求，它们之间具有替代性，它们才应该陈列在一起。

顾客希望的是便于比较和选择，所以考虑某一商品应该放在哪一个区域，首先要看它究竟和哪些商品具有直接的替代性，那它就应该属于哪一类商品，就应该放入哪一区域。例如，多数购物者习惯到酒类区域购买啤酒，如果将啤酒归入饮料品类，其表现多半不如可乐、果汁等，在做商品绩效评估时，很可能被列入被删除单品。与饮料共同陈列必然造成多数购物者不易找到啤酒或者花更多的时间才能找到。

但是连锁企业管理着成千上万的商品，有些商品可能没有最直接的替代品，所以这就需要考虑它的另一个属性——相关性，即顾客认为它属于哪一类，和什么相关。一种情况，可以用调研问卷的方法获得，另外一种就是实验法。2000 年初，宝洁公司推出了一个叫纺必适的产品，该产品能去除沙发、窗帘等不方便换洗的织物上的异味。由于以前没有该功能的产品存在，顾客对该类产品没有任何认识，所以连锁企业对它如何归类也是比较头疼。有的门店认为它类似空气清新剂，便把它归入空气清新剂品类；有的门店认为它属于织物护理，便把它归入家居用品类，放在布艺产品旁边。聪明的门店，同时在这两个品类区域销售纺必适，静观顾客的反应，根据顾客的选择情况，最终决定把哪一品类区域作为主要的陈列区。

(2) 类别内部配置思路

① 顾客的购买困惑

很快进入炎热的夏天，李先生想在卧室装空调，由于所住房间不大，并且李先生刚参加工作不久，购买预算不是太多，所以他计划购买一台 2 000 元左右、功率 1.5 匹的壁挂式空调，他决定去附近的一家电器卖场看看。进门后，李先生看到在空调区有海尔、三星、志高、TCL、美的、格力等品牌，这家门店是按照品牌布局和陈列的，同一品牌的产品陈列在一起，每一品牌都有 1 匹、1.5 匹和 2 匹等不同型号的柜机及挂机，基本上每个品牌都有针对李先生这种需求的产品。李先生在心仪的几款产品中比较价格、功能、质量，但这几款空调机没有放在一起，其间跨度还不小，他不得不来来回回走，进行比较。

② 购物决策树的运用

无论怎样做类别内部的货位配置，都必须围绕购物者的购物便利来进行，要考虑顾客是怎样的程序来选择商品，这才是最重要的。例如，购物者在购买婴儿纸尿裤时，会根据自己孩子年龄的大小，优先考虑是买大号的、中号的，还是小号的，然后才会考虑购买哪一个品牌。所以,如果按照品牌进行陈列,就会给顾客选择带来不便,顾客需要在不同的品牌区域之间来回奔走进行比较,就像李先生买空调的情况那样。如果在空调分类设计时,第一级分类是分体式、窗机和柜机等,第二级分类是按照空调的功率,如1匹、1.5匹、2匹等,这种分类法更符合顾客的购买需求,并且有利于分析顾客需求,方便做出相应调整。

在购买产品的过程中,有一系列因素影响购物者做出购物决策,而且这些因素有优先层次,也就是说购物者的思维过程是有一个序列的,这个序列被称为购物者购买决策树。购物者的购物决策过程帮助门店决定不同品牌、不同功能的商品如何在货架上陈列才能方便购物者购买。几年前,家乐福中国的洗发水、香皂、卫生巾、口腔护理品类都是根据国外顾客的购买习惯按功能进行陈列。这样的结果导致飘柔洗发水在洗发水货架上多处出现,使对产品不够熟悉,对自己的需求也不够了解的中国顾客产生了很大的困惑。但对各顾客的购买行为调查表明,74%的购物者会优先考虑品牌,后考虑功能;只有26%的购物者会优先考虑功能,后考虑品牌,如图3-3所示。家乐福先后改变了洗发水、香皂、卫生巾等商品的陈列规则,随后,口腔护理品类也由按功能陈列改为按品牌陈列。所以在洗发水的陈列上是先按品牌,在同一品牌内考虑功能,其次是价格,最后才是包装,这样才方便顾客选购。所以,类别内部科学的货位布局原则是按照购物决策树进行配置。

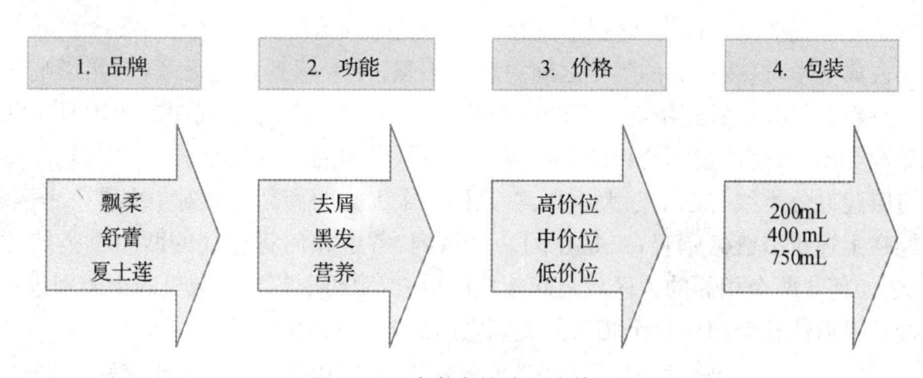

图3-3 洗发水的购买决策树

利用购物决策树分析品类内部布局时,需要注意以下一些问题。

● 购买决策过程是下意识的,购物者很难说出其中的步骤,利用调查所得到购物者声称的购买决策中的重要因素,需要经过专业人员的综合分析才能得到最终的结论。

● 不同品类有着不同的购买决策树。如洗发水和纸尿裤以及空调,它们的决策树就各有特点,互不相同,所以它们的布局陈列分类就有所区别。

● 在中国很多品类的购买决策中,品牌都占据着重要的位置,如化妆品、服装、洗发护发品类、口腔护理品类、妇女卫生用品品类。但品牌并非总是购物者做出购买决定的第一层面,品牌的重要性和所属的品类有很大关系。以洗发水和大米为例,购物者对洗发水品牌的偏好影响了对产品的选择,而购物者对大米品牌的了解不如对大米产地和大米品质的关心,大米的品牌重要性就较低。

按品牌陈列商品也是国内百货服装、化妆品区的习惯做法。百货公司只做商品大类的划分，如少女装、淑女装、运动装等，至于内部进行细分化的陈列就以品牌为单位了，这是因为百货公司，尤其中高档百货目前的一大特征就是品牌化经营，顾客在这种地方就是冲着品牌来的，而且每一品牌之间的差异比较明显，从服饰搭配的角度，同一品牌内部更好进行，另外不同品牌的目标顾客很明确，也有助于培养品牌忠诚，所以出于顾客便利的角度，按品牌进行陈列有其合理性。当然，这其中也包括一个渠道主导权的问题，一定程度上，中高档品牌商品渠道主导权还在供应商手中，越是一线品牌越强势，通过店外的其他一系列手段塑造品牌形象，牢牢地抓住了目标消费群体，通过店内进场费，等方式对门店进行渗透，再加上部分连锁企业商品经营能力的低下，于是就出现了这种供应商导向的品牌店中店，这一点在其他业态中也能看到。

3. 不同类别之间如何关联与过渡

(1) 分类线与客动线的有效配合

所谓商品分类线，即门店里一个类别和另一个相邻的类别之间，按照一定的逻辑关系形成的某种关联性、连贯性，使每个相邻的类别都能衔接起来，形成一条清晰线路。分类线是有形的，能看出来的。所谓客动线，就是指顾客在店内移动的点连接起来所形成的线路，这条线是无形的，只有顾客在门店流动后才能体现出来。

分类线和客动线是相辅相成的，良好的分类线能合理地引导顾客，使顾客移动的点连接起来所形成的线路与分类线吻合。分类线建设不好，不但影响顾客的移动，而且不方便顾客浏览和寻找商品。以书店为例，如果书架分类陈列这样安排：养生保健—经济学—少儿类—古典文学，这些相邻的类别之间关联性不强，使人感到杂乱无章，自然影响了读者的浏览兴趣。如喜欢看经济类图书的人浏览完经济类图书后，发现左右两边是少儿书和养生保健类图书，可能就不会再顺着看下去，这样，顾客的动线就断了。

门店建设分类线有以下三大原则：一是同一个大类的商品应相对集中在一个区域内，此问题在上述章节已做阐释；二是在同一区域内，考虑如何将相邻的两个小类彼此相关联；三是如何让两个相邻的大区域之间接壤的地方，用两个各自区域里的小类别进行有机地对接。最后使整个门店每个相邻的类别之间都能互相关联，成为一体。

以书店的文学类书籍为例，说明在“文学区”内如何让相邻的两个小类别彼此相关联。文学类的图书可以先按文学理论和文学作品分为两大部分，再把中国文学和外国文学分为相关联的两块。作品部分可以按某种顺序相关联，如中国文学按年代排列、外国文学按国家类别排列等，具体可参照下例：文学理论—中国文学史—中国古代文学—中国近代文学—中国现代文学—中国当代文学—外国文学理论—外国文学史—美国文学—英国文学……当然，同样是文学类的图书，每个书店可按照自己的特点设定不同的分类和重点。不管如何设定，每个相邻的类别应该相关联，让分类能连成一条线。

两个大类别之间相邻的图书类别如何实现分类线的自然对接过渡，让分类线能延续下去，可以从图书的内容或读者的特点来考虑。如文学理论、文学史，一般来说这两个类别的读者以知识分子、学者居多，那么这些类别的图书就可以和学术类或大文化类的图书衔接，当读者浏览到文学理论类图书的时候，就很自然地过渡到学术类或大文化类等图书，实现了自然过渡。这也是分类线促进客动线建设的一个方面。

(2) 商品关联性的确定

只有确定各种商品之间的关联性,才能使商品在分类线上的过渡更加自然,而且还会增加销售,所以很有必要对商品的关联性进行分析。

① 根据用途判断关联性

人是经验性动物,当人们看到某种事物时,会根据自己的经验、知识进行联想,根据自己买的东西就可推测出毗邻的地方有什么商品。洗面奶、润肤霜品类旁可以考虑放置美容辅助品,如眉钳、粉扑等,而美容辅助品往外延伸,可以配置头部饰品,头部饰品旁再放置洗发护发产品,如此等等。

总之,只要是相关性很强的,在使用时需要同时出现的物品,商家就可以进行大胆陈列。这样做等于变相给顾客一个购买更多商品的理由,使顾客不再因为害怕寻找商品太麻烦而放弃购物。事实上,顾客真的很喜欢将整套物品带回家。日本某商场将一种名为秋比的调料放在菠菜旁边出售后,原本一星期只能销售 658 把的蔬菜,增加至 1 650 把,业绩增长 151%;该调味料原本一星期只销售 19 瓶,现在增加到 300 瓶。这和我国一些超市办的火锅节期间把火锅用品陈列在一起是一个道理。

② 根据消费者或购买者判断关联性

在考虑商品关联性时,常会遇到这样一个问题:两个大类别之间,很难从商品用途上找到一个关联点,使分类线自然连起来。这里提出另外一种思路,目标消费者或者购物的顾客一致也是一种关联思路。以书店为例,艺术类读物和生活类读物在衔接上可以这样考虑:很多喜爱读艺术类图书的人是比较讲究时尚的,那么在安排艺术类的图书时就可以把艺术类的综合读物放在分类线的最尾端,紧接着就和时尚类读物连接,这样就实现了自然的过渡。而时尚总是和生活分不开的,那么在时尚类图书分类线的尾端,就很容易自然过渡到生活类图书。喜欢看生活类图书的读者中,已经有自己小家庭的女士比例很高,那么生活类图书接下去可以安排幼儿类、儿童类、青少年素质类的衔接,而素质教育类的后面紧接着就可以放课外辅导书之类的……这样能让分类线延绵下去。

这种思路进一步延伸,当顾客的这种趋势越来越明显的时候,门店就应该考虑是否需要将这些关联商品设立新的品类,将这种情况固定下来。2001 年,宝洁公司与北京华联开始合作婴儿用品的品类管理。传统上,婴儿产品分散于不同的品类,如婴儿奶粉和成人奶粉放在一起,属于奶制品品类;婴儿纸尿裤和纸巾等放在一起,属纸制品品类。但对顾客的调查发现,抱着婴儿的妈妈或者即将成为妈妈的孕妇需要辛苦地走上一两个小时才能购齐所需妇婴物品,她们最大的希望是花最短的时间一次性购齐所有物品。于是,新的品类——妇婴用品品类应运而生。最后,该项目命名为北京华联婴儿护理中心(宝宝屋),项目初期,婴儿奶粉等需要在奶制品区域或妇婴用品区域双边陈列,并引导顾客。一两个月后,购物者便习惯性地步入华联宝宝屋购买妇婴用品了。宝宝屋的设立,使北京华联婴儿品类的生意增长了 33%,利润增长了 63%。目前,国外开始出现了早餐食品品类、海滩度假用品品类等新的品类概念,这些都是顺应顾客新的需求而产生的。所以连锁企业要密切关注顾客生活方式的变化,以便快速反应,更好地服务于顾客。

③ 利用购物篮分析判断关联性

支撑购物篮分析的是数据系统,根据收银台的流水记录,就可以知道购物者在购买一瓶洗面奶时，同时购买了哪些日化类产品和食品，多次汇总之后，这种购物篮分析甚至能够发现意想不到的结果。

有一家超市在做购物篮分析时发现，啤酒经常和尿不湿在一张 POS 票上出现，该门店就将啤酒陈列在尿不湿旁边出售，这两样商品自从陈列在一起后销售量一直都很好。在业内人士看来，这无论如何都是不合理的陈列，因为啤酒的消费者男性居多，而尿不湿是新妈妈们需要的——照顾孩子的任务多半是由她们承担。但是，需要尿不湿的孩子多半处于婴儿期，而婴儿的妈妈们需要整日留在家里照看小宝宝，没有时间逛超市，这使得她们只好把去超市买尿不湿的"重任"交给丈夫。这些刚升级做爸爸的男人走进商场后当然会直奔尿不湿，但他们会在附近看到心爱的啤酒，于是，将几罐啤酒也放进购物篮中。看起来似乎井水不犯河水的两种商品的相邻陈列，却能带来意外的收获，这就需要对购物篮分析进行合理运用了。

对于某些类别之间确实没有合适关联商品进行衔接的情况可以考虑放中性商品在中间过渡，如书店的综合类图书。从某种意义来说，综合类图书内容涉及面是比较广的，在陈列时很难区分是属于哪个小类，正是因为内容涉及面的广泛性，使得综合类图书能和其他类别的图书很好地融合与衔接，这样就可以解决分类线不连贯的问题。例如，马列主义—毛泽东思想—中国革命史读物—综合读物—中国与世界政治—外交—军事，这里的综合类读物在一定程度上起到了衔接作用，整个分类线就基本连起来了。

(3) 如何在通道中体现关联配置

① 关联商品的次序要注意

将相关的商品进行自然过渡时，并不是把相关商品放在近旁就可以了，有时需要注意一定的次序，使商品之间以一种合理的，符合顾客购物习惯尤其行走习惯的逻辑次序出现。某百货商店在圣诞节前夕将一些包装礼物的包装纸放在了离入口不远的地方，在更靠里的地方陈列着圣诞礼物。虽然包装纸盒与圣诞礼物相距并不远，但挑选包装纸的人始终不多。分析原因后发现，顾客在没挑选好礼物之前决不会购买包装纸，因为他们无法决定买哪种纸比较好。而当他们在选购礼物的路上越走越远时，离包装纸也就越来越远，很少人会回头再买包装纸，大多数顾客不愿走"回头路"。后来，商场管理者将包装纸柜台移到所有礼品的后面，让顾客在挑选完所有礼品才看到包装纸，包装纸的销量很快就上去了。

② 如何做好通道两侧的关联配置

通道两侧商品部门是否关联，直接决定顾客在主通道的行走路径和行走方式，也决定了最终的客单价和赢利水平。要知道，顾客在主通道呈直线行走还是呈蛇形线行走，对两侧商品的销售情况会产生很大的影响。显然，直线行走、只光顾一侧所产生的销售额非常低。

如果食品卖场通道两侧商品的关联度不够，就会导致直线行走：顾客集中在主通道一侧，而忽略另一侧。如图 3-4(a)所示，主通道第一磁石货位配置的是馒头、包子、大饼等加工主食和各类熟食时，另一侧配置的是花生、瓜子、开心果等干果类商品(这种配置在超市中时常见到)，这两侧的商品毫无关联性，结果顾客在主通道中常选择沿内侧直线行走，而对另一侧商品毫不问津，使卖场的经营效率大大降低。

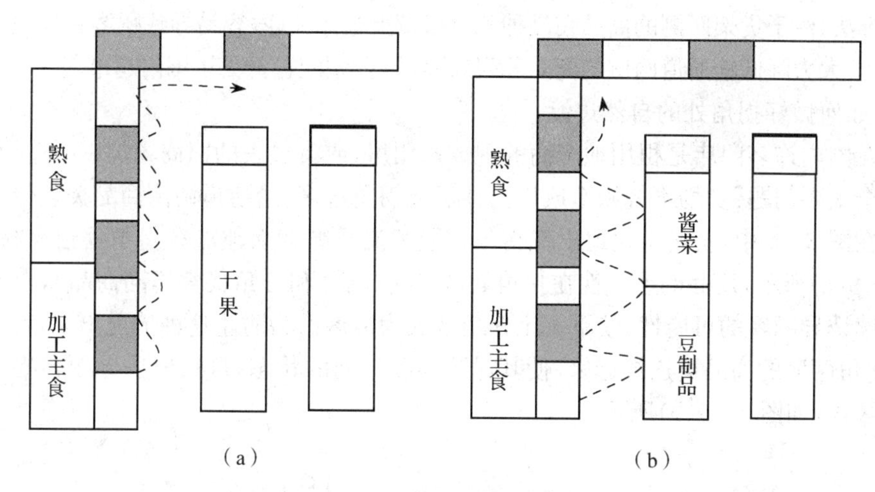

图 3-4 主通道两侧商品部门的关联

相反,通道两侧的商品群产生较强关联时,顾客会不自觉地穿梭于两侧,呈蛇形线行走,如图 3-4(b)所示,大大提高两侧的销售效率。

图 3-5 中 A 型配置是通道商品相互关联中最合理的配置。因为 A 型配置是陈列架两侧相同商品品种或相同价格带之间的关联,顾客在两侧货架之间形成蛇形行走,使两侧的商品配置达到最佳效果。但在现实中,特别是大型卖场,由于货架陈列线很长,辅通道两侧的商品不可能达到品种或价格带之间的完全一致,这时,B 型两侧的配置方法最为理想。左侧的◎型商品的陈列线较长,而右侧的◇型商品的陈列线较长,如此交错型陈列可以令顾客感到货架商品陈列的延续性,容易诱导顾客深入到货架中去。也就是说:通道两侧的重要磁石商品不要平行配置,而应隔开一定的距离错开配置。通道两侧的各商品群,完全按对称方式

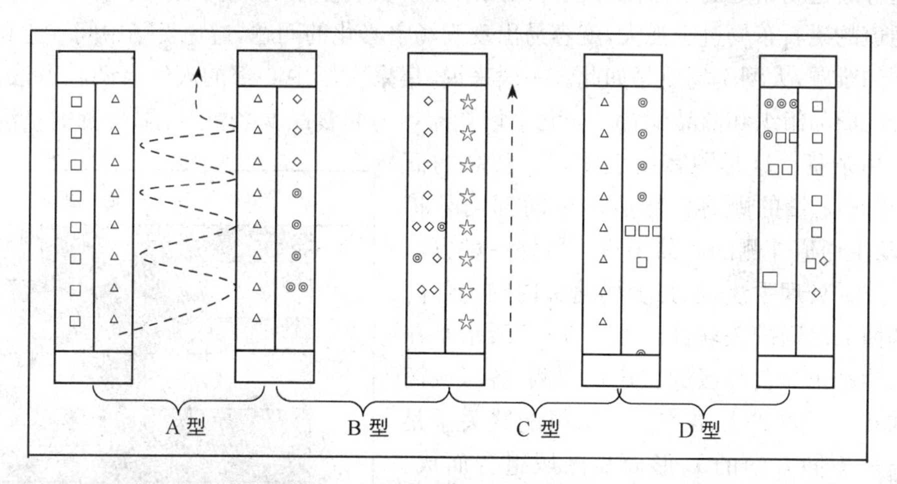

图 3-5 辅通道两侧的商品关联

分别陈列容易给顾客一种商品群分段的感觉,不利于诱导顾客前行。将通道两侧的不同商品群完全错开配置,一侧的销售区域结束后,恰好是通道另一侧销售区域的中间,这样能使顾客感觉到陈列线中商品配置的连续性。D 型配置方法是货架两侧采取对称型陈列,这种陈列方法容易使顾客产生陈列线突然中断的感觉,不利于顾客在货架间的前行。C 型是最

失败的方法，由于货架两侧的商品在品种和价格带上毫无关联，容易导致顾客在辅通道中呈直线行走，大大降低辅通道两侧的商品陈列效率，但C型配置常见于国内超市。

③ 如何做好拐角处的自然过渡

现在国内许多门店是租用地产商的现成商用房，或将过去的旧商场加以改造而成，故面临一个主要问题：卖场不规则造成店内柱子或拐角过多，给通道两侧商品关联带来很大难度。在图3-6中，卖场主通道出现拐角。顾客流及顾客兴趣点在拐角处很容易分散，如图3-6(a)所示，商品的连续性在拐角处被切断（圆圈和三角代表不同商品），自然就失去了继续诱导顾客的可能性，使下一个拐角区成为冷区。为防止这种情况出现，就要尽量使90°拐角两侧的商品群连接起来，使其保持连续陈列的状态，自然地诱导顾客拐弯进入下一个区域，如图3-6(b)所示。

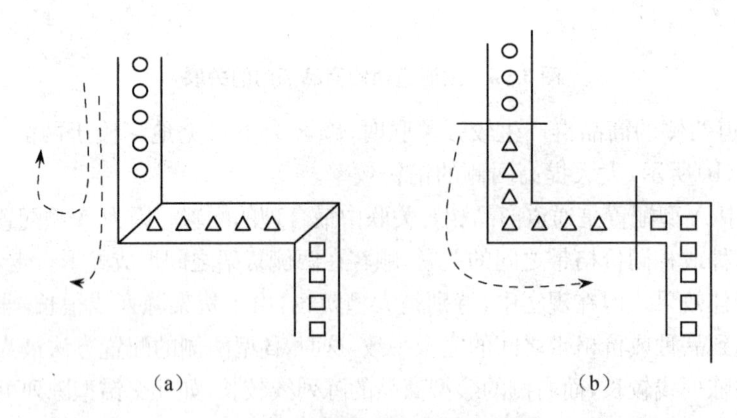

图3-6 通道拐角处的商品关联

这种通道拐角处的手法同样也可以用来缓解卖场空心化的问题。不管何种业态，一旦主通道的磁石布局过于强大，就容易出现卖场空心化的问题，避免卖场中间空心化是一个共同的难题，大型卖场更是如此。一般来说，集聚卖场中心部的人气有两种方法：一种是合理的商品组织和商品配置。如北京华堂商场的非食品卖场，中心部配置的是洗化用品和日用杂货。这是顾客关心度相对较高的商品，能集聚大量的顾客。然后由中间部向外扩散，带动主通道外侧的商品销售。另外一种方法就是上述的处理手法：加强卖场通道内侧的部门之间和商品之间的关联性。如图3-7所示是在美国大型超市非食品区的主通道内侧，各区域商品之间相互关联的基本方法。这组配置关系是由多组呈不同方向的L形商品区域组合而成。在卖场中央，与矩形组合相比，L形组合更容易关联不同的商品部门。更重要的是，L形商品配置能更好地诱导顾客，使顾客自然而然地从主通道走向辅通道，然后顺着商品的配置自然地拐弯，在不知不觉中按照商家的设计走到卖场中部。

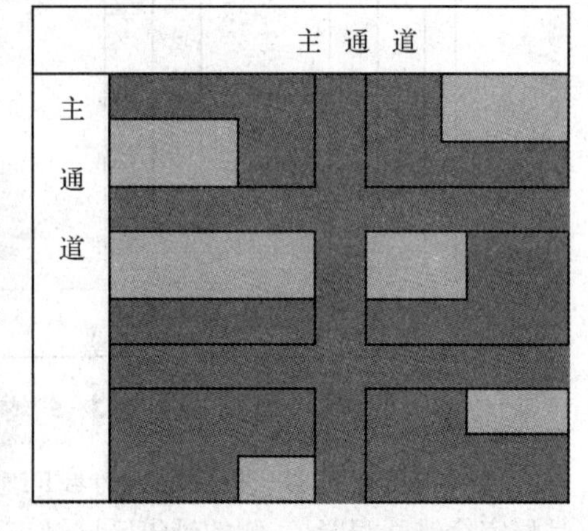

图3-7 主通道内侧的区域商品关联

(三) 货位布局调整优化

1. *卖场货位布局调整*

一旦货位布局产生后,并不意味着会一直执行下去。企业会根据品类的市场需求的变化、季节性影响、企业策略的变化而变化,但是货位布局并不随着单个商品的变化而变化。货位布局的替换和调整可以为零售企业带来以下好处:

(1) 增加顾客购物新鲜感体验。经过调查发现,卖场定期调整门店布局,可以让顾客对门店保持持续购物新鲜感。

(2) 增加企业收益。通过定期的货位布局回顾与调整,使得品类空间管理得到优化,从而增加收益。

尽管零售企业需要定期进行货位布局的调整,但布局变化的频率不会很高,这是因为一旦布局的变化过于频繁、幅度过大,会导致零售商花费大量的门店资源进行调整,需要制作新的标识提示消费者,同时也会使消费者感到迷惑,另外也增加了零售商的管理难度。

货位布局的改变会有大小的区别。一般卖场货位布局会进行周期性的回顾分析,比如季度回顾,根据市场需求、品类季节性的因素对空间进行调整。例如:夏季时软饮料的销售高,空间会相应增加;到了冬天,软饮料的空间会减少,而果汁的空间会增加。

同时,卖场对于布局的维护和管理起到了很关键的作用。很多的卖场经理会根据门店的实际销售情况对布局进行调整,主要是调整不同品类的背数(bay的音译)的多少,这可以快速反应当地的市场需求情况,但是会造成整个品类的计划到实施中的脱节。所以,门店自行进行布局空间的调整前,需要与相关的品类经理进行沟通,做出布局的修正,才能进行改变。

2. *布局管理效率分析*

对品类空间大小进行分析,并提出优化方案。例如:对单个品类在同一区域,类同的卖场的业绩数据进行分析,例如:综合业绩指标考虑法,商品/品牌数量的区间法,重点品类空间业绩分析等方法进行分析。通常,我们使用销售/空间%,比较来进行品类空间管理效率的分析。

在使用空间占比和销售占比分析的时候,品类经理需要整理各小分类的销售占比和空间占比数据,然后通过小分类空间占比和销售占比之间的关系图表分析目前各小分类的空间使用情况。如图3-8所示,化妆品小分类,指甲护理小分类的销售占比较高,但是相对的空间占比却较小,但是皮肤护理小分类,口腔护理小分类的销售占比不高,空间占比却较大。通过以上分析得出结论,在调整个人护理分类的小分类空间占比方面,可以减少口腔护理小分类,皮肤护理小分类的空间占比,提高化妆品和指甲护理小分类的空间占比。

除了对布局中品类空间大小分析外,我们还可以通过对不同品类货架的效益分析,来合理调整卖场内的人流动线。

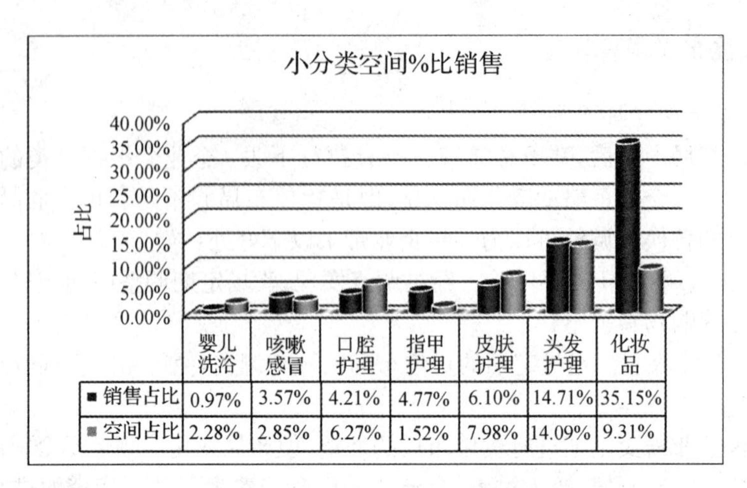

	婴儿洗浴	咳嗽感冒	口腔护理	指甲护理	皮肤护理	头发护理	化妆品
■销售占比	0.97%	3.57%	4.21%	4.77%	6.10%	14.71%	35.15%
■空间占比	2.28%	2.85%	6.27%	1.52%	7.98%	14.09%	9.31%

图 3-8　销售比品类空间%图

如图 3-9 所示，通过业绩数据了解到卖场中某品类标注为绿色的货架是综合产出最高的货架。那么，我们可以根据实际的人流动线情况，将绿色货架上陈列的商品类别适当调整到该卖场的里面位置，以带动人流进入卖场内部，从而带动其他货架上商品的销售。

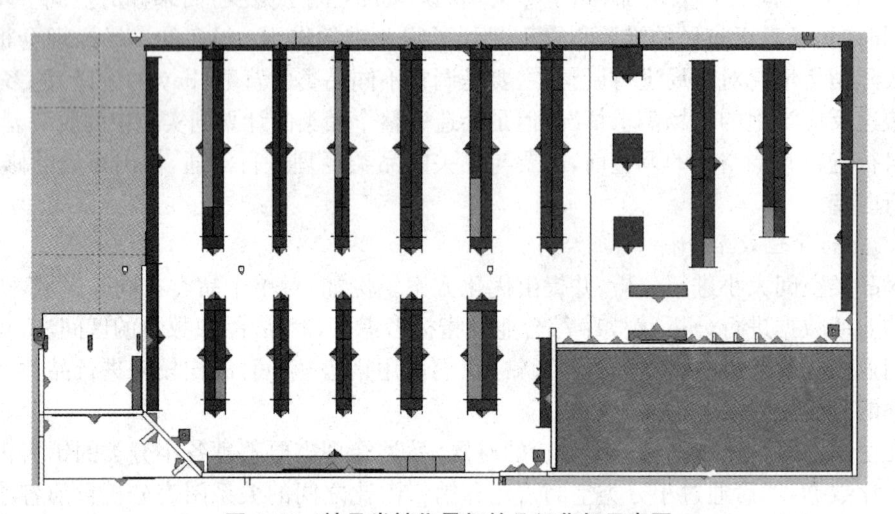

图 3-9　某品类销售最好的几组货架示意图

案例：如何牵着顾客的鼻子走

逛商场的时候或许顾客都以为"我的钱包我做主！喜欢什么买什么，全凭自己作主"。不过，套用一句话：顾客一思考，商家就发笑。其实业内精明的商家或专业人士在购物中心内部空间组织、动线规划、品牌、业种等设计时，早已作了精心的安排或"设伏"，顾客从踏进商场的第一步开始，就已经不知不觉的被商家牵着鼻子走了。那么，如何才能牵着顾客的鼻子走呢？我们先了解某些业态组合或业种的奥妙之处吧。

一楼为何要规划珠宝首饰、化妆品、名表、皮具女鞋等？

大部分的百货或购物中心一楼基本全都规划化妆品和珠宝、饰品等名品厂家专柜。这是因为顾客一般都不会停留在一楼,他们往往直奔楼上去看服饰或其他商品。很少有人停下来想一想,既然没有多少人购买,那为什么还要把这些专柜设置在一楼?最主要的原因就是租金。整个百货或购物中心内,显然一楼的租金是最贵的,这样,只有体积小而利润大的化妆品和珠宝首饰更适合这个“寸土寸金”的地方。其二就是从营销的角度,化妆品和珠宝是属于弹性需求很大的商品,通俗点说就是属于顾客可买可不买的东西,如果放在其他楼层,可能很多逛商场的顾客就会直接错过。其三就是无论是化妆品还是珠宝,都有着精美的包装和外形,就连充满嗅觉诱惑的香水和化妆品味道,也成为吸引路人进入商场的秘密武器。这样,一楼专柜的形象好了,相当于给商场做了一个很成功的“面子工程”。

运动品牌为何要规划在地下或高层?人们一般会选用舒适休闲的运动品牌作为日常穿着,所以运动品牌区域都相当有人气。但是,即使其中不乏耐克、阿迪达斯、彪马等国际大牌,运动品牌永远都是处于商场的负一层或是较高层。原来,运动品牌并不像时装那样,每年推出很多的全新款式。运动品牌的消费群体也较为固定,顾客在进入商场时,对要买哪个运动品牌的哪款商品、价格多少,心中一般有底。至于它们位于商场的什么位置,对他们来说影响不大,这样,运动品牌自然就会选取租金更便宜的地下或是较高楼层营业。

女装为何总在低楼层?

位置更为重要的是男装女装的所在楼层。一般来说,从二楼以上,可能会有一到两层女装,之上才是男装。因为女性顾客对时装的需求弹性更大,一旦发现合适的,可能随机买得很多。但男性一般是有购买需求才会去商场,所以才不会介意多上一层楼。

美食和影院为何总在最高层?

大型购物中心纷纷在顶层建立美食城、电影院、游戏厅等容易聚集人气的项目。这样做是为了实现“喷淋效应”,就是让顾客像浴室里面的喷头一样,先被吸引到最高层,再随后被分散到其他楼层,这样,商场的各个楼层会得到更多顾客的光顾。

另外,一些品牌的特卖场也总是安排在商场的最高层、地下或是不容易找到的犄角旮旯处,目的也是带动这些位置的人气。

四、课后练习题

(一) 简答题

1. “货架份额=市场份额”原则是什么意思?该原则有哪些不足?
2. 如何制定商品的面积配置标准?
3. 货位布局的依据有哪些?
4. 简要阐述磁石理论。
5. 同种商品内部应该如何配置?
6. 不同类别商品之间如何做好过渡?

(二) 案例分析

如图 3-10 所示是一家县级市百货公司二楼的平面布局图,请对其货位布局仔细分析后点评,并提出改进建议。

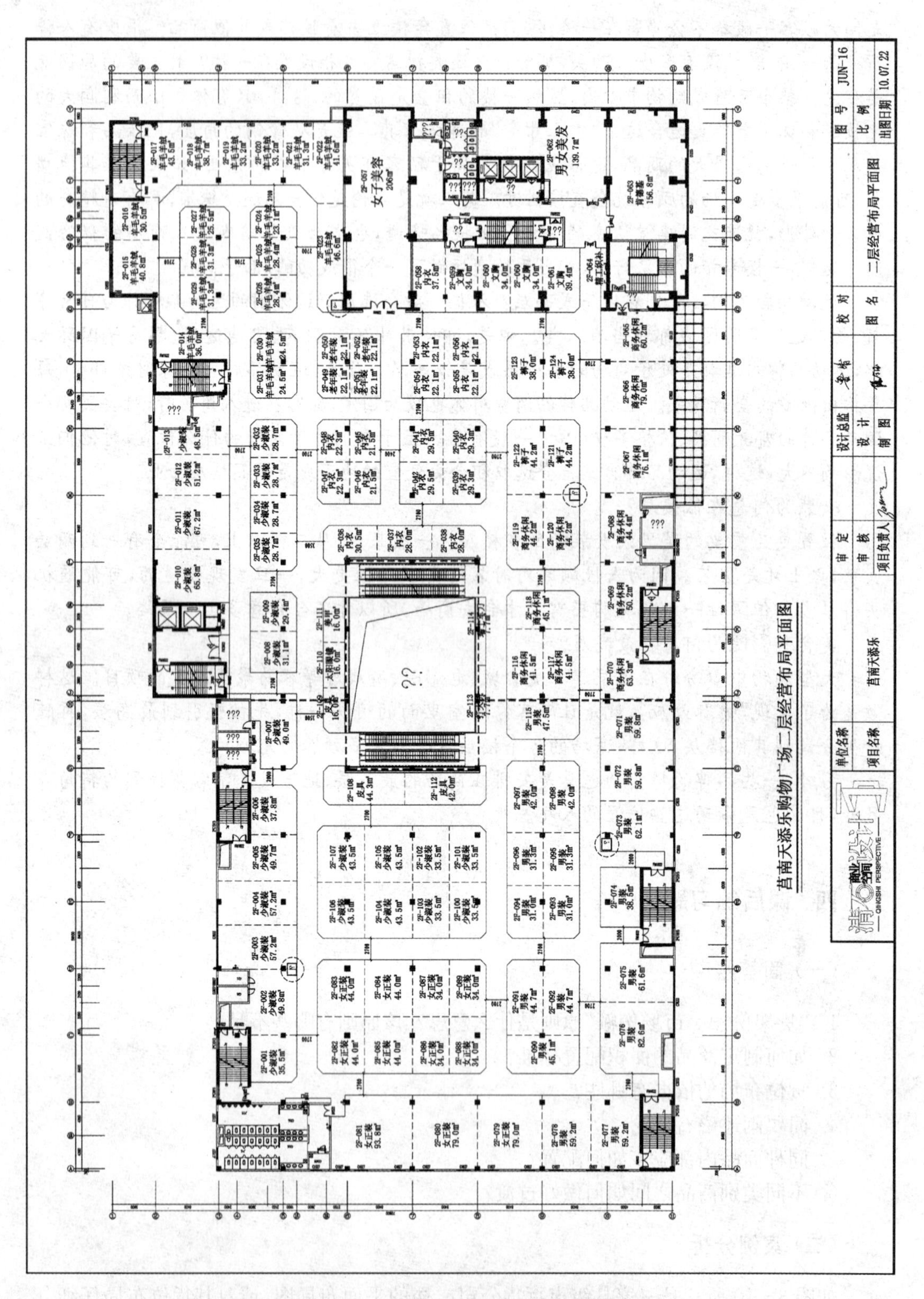

图 3-10　某县级市百货公司二楼的平面布局图

单元四：客动线调研

一、学习目标

（一）能力目标

1. 能够设计科学的客动线调研指标；
2. 能够设计可行的客动线调研方案；
3. 能够组织实施小型调研方案；
4. 能够根据调研结果提出改进建议。

（二）知识目标

1. 掌握卖场内外动线的概念与类型；
2. 掌握通过率、停留率、购买率的含义；
3. 掌握顾货率、触摸率、询价率、试穿率的含义；
4. 掌握各种调研指标所对应的调节手段；
5. 了解购物者行为分析的理论延续。

二、任务导入

假设华润苏果莱茵达社区店已经开业，目前营业业绩不太理想，尤其是门前客流量并不少，进店率也比较理想，但销售不太理想，请从客动线的角度对该店铺进行调查分析，并提出可行的改进建议。

注：各位授课老师可以从自己学校周边或者是和学校有合作关系的卖场中寻找一家业绩不太理想的卖场进行该项目训练。

三、相关知识

目前对卖场布局进行客观判断的最有效方法是美国和日本商业领域频繁使用的客动线调查法。它对店内顾客从进入卖场直到退出卖场的实际行走轨迹进行科学的测量、图示和分析，进而有效改善卖场布局。客动线调查不仅应用于卖场布局的调整，而且广泛应用于商品部门的品类管理、价格带调整、卖场磁石区的设计、理货员的配置、卖场生动化设计等诸多方面。

（一）客动线调研的流程

1. 成立调查小组

建设客动线调查小组非常重要，从人员组成到结果分析，从小组总结到经验保存，是一个体系化的工作。这个小组的成员最好由总部及门店的年轻经营骨干组成，因为这是个力气活。另外，相对于老员工，年轻人更容易理解客动线调研的理念和目标，跟踪调研也是兴趣所在。由于客动线调查需要数量较多的样本，完全动用公司员工，一来打乱正常营运，二来成本太高。因此可以吸收一些实习期的在校大学生，他们新鲜的眼光也可能发现很多公司员工已经熟视无睹的细节问题。如果临时调查员数量多，几天内就可以完成客动线的基本调查。

2. 员工培训

如果组员有了"是不是糊弄一下也能交差"、"我一个人不上心跟最后结果没太大关系吧"等想法，那么调研就白费了——数据不准，分析得再好也属于无用功。因此，培训首先要说明这项工作对实际营运的意义，一开始就让组员明白调研的价值，调研细节也要反复强调。

客动线调研并不复杂，但细节可能会牵扯出大事。例如，现场不可能用文字记录顾客的所有动作，只能预先用符号代替，但如果组员不能熟练运用符号，那么记录结果肯定一塌糊涂。再如，调研员如何不被顾客发现，也需要细致的布置，包括距离、站位、记录动作等。目前没有最好的细节培训法，有效的就是：培训时所有人到场，死背硬记，然后当堂演练到熟练为止。调研开始后，也要不断总结组员的反馈，持续培训。当然，所有的培训问题都应记录在案，以备后来者使用。

3. 确定被调查的门店

如果是连锁企业，就要选择经营问题、卖场问题突出，或具有一定代表性的样板店为主要调查对象。一个连锁企业的整体绩效和品牌形象并不取决于最好的店面，而是取决于最差的店面，改进它们最为迫切。而且这类店面的起点较低，在调研后容易有显著改进，可大大提升小组士气，并吸引其他店面自发形成研究气氛。

4. 设计调查表

调查表上要详细记录顾客的行动路线，因此要求表格中的每个项目设计都要精确、简略。调查表包括以下主要内容：

① 严格比例的卖场布局简略图。有时需要测算出每个顾客在店内行走的准确距离，布局图没有严格比例，数据必然失真。另外，必须标出卖场中所有商品部门和商品种类的准确位置。

② 调查的时间，包括年、月、日、星期。调查的时刻，包括上午或下午几点几分至几点几分，以及顾客在店内滞留的时间。

③ 顾客的基本特征。其中包括：

- 性别和目测年龄(最好标选"某个年龄段")。
- 一同购物的顾客类型，大概判断是夫妇、母子、兄弟姐妹、朋友等。
- 服装样式——是普通生活装还是工作服。

● 鞋的样式——是公务鞋还是休闲鞋。

● 是否使用推车、购物篮。

调查表设计出来后,不要急于立即投入使用。最好先组织 10 人左右进行试验,发现不合理的内容或设计时,及时订正。确认所有内容都准确到位后,才能下发正式的客动线调查表。

5. 开始调查

一般客动线调查需要 150~200 份样本。绝不能根据自己的喜好挑选顾客,而要按事先确定好的程序,如每隔 5 位或 10 位顾客去选定 1 位进行跟踪调查(注意:不能跟踪孩子)。1 名调查员跟踪 1 名顾客,从他进入卖场开始,到退出卖场结束。一般情况下,调查员在顾客身后 10 m~20 m 的位置进行观察。如果卖场布局紧凑,距离可缩短。当顾客发现自己被跟踪时,应立刻中断调查,以免引起误会。或者主动迎上,告诉顾客自己在做商品品牌调研,然后抽出一份品牌调研表来让其填写。这样即使他再看到你,也不会有防备了。调查开始时,调查员要首先把开始的时间和顾客的基本特征记录下来,包括:

● 顾客在什么位置停留。

● 触摸哪些商品。

● 挑选过哪些商品。

● 在什么位置把什么商品放入购物篮。

● 其他细节。

这些要全部用事先统一的符号,准确地标明在卖场布局图中(如图 4-1 所示)。

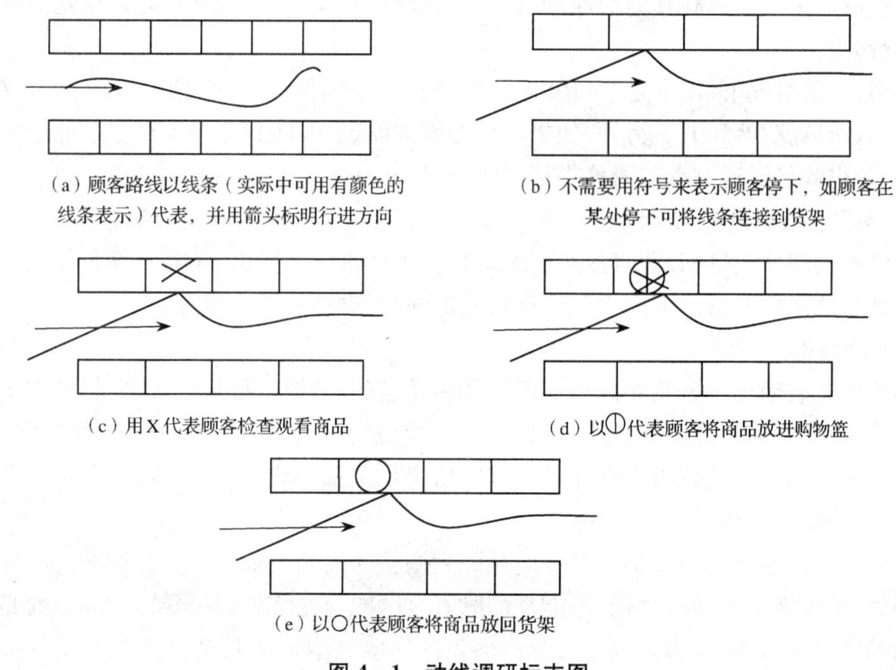

(a) 顾客路线以线条(实际中可用有颜色的线条表示)代表,并用箭头标明行进方向

(b) 不需要用符号来表示顾客停下,如顾客在某处停下可将线条连接到货架

(c) 用X代表顾客检查观看商品

(d) 以⊗代表顾客将商品放进购物篮

(e) 以○代表顾客将商品放回货架

图 4-1 动线调研标志图

顾客退出卖场时,要记录其退出时间,计算其在卖场中的滞留时间。顾客在收款台结束清算后,要记录其在 POS 中的登录号码和购买金额。另外,顾客在购物中途上厕所,或

到餐厅吃饭及中途休息时，应做好记录，因为顾客的意外动作会影响时间要素的分析。

6. 整理调查结果

调查结束后要收集调查表，统计内容。统计的一个基本原则是用数据说话，调查内容的每一个环节都应该用百分比等数据化指标来表示。将调查区域的路线记录在每张布局图上，然后将调查区域的所有路线记录在一张布局图上，最后在总调查区域布局图纸的每个区域标注进店顾客总数、通过总数、停留总数、购物总数并在路线的右边同时标注他们的比率。这样经营者就可以从一张布局图上看到区域和货架的购物动线调查信息。

（二）客动线调研的分析指标

1. 常用的分析指标

(1) 通过率

指顾客在店内主通道、辅通道及横向通道通过的比率，是卖场布局调整、商品调整的重要依据。公式：通过率＝通过客数÷调查对象客数×100

(2) 停留率

指卖场中某一商品部门顾客停留的比率，是磁石商品调整、商品陈列调整、商品促销调整的重要依据。公式：停留率＝停留客数÷通过客数×100

(3) 购买率

指在卖场中某一商品部门停留顾客中购买商品的比率，是商品陈列调整、关联商品调整的重要依据。公式：购买率＝购买商品的客数÷停留客数×100

当然进一步细分还有其他指标，如顾货率、触摸率、询价率等指标，此处仅就最重要的指标进行分析。

说明：一般情况下，比率是“×100％”，但在实用中用百分号比较麻烦，而标小数点又容易出错，所以就“×100”。另外，如果一位顾客来回走动，回到原来曾经走过的地方可作二次计算，也就是说通过率的测算指标可以超过 100。

2. 调研指标体系运用

卖场布局调整改进，并非直接照着客动线调查结果做就可以，还需要参照其他管理目标和要素综合考虑才行。下面举三个布局改进的具体方向，以供参考。

(1) 商品部门调整

如果调查表明卖场里某些商品部门的顾客通过率、停留率都很低，该如何处理？建议先到家乐福、华堂商场、沃尔玛等外资超市看一看他们是否经营这些商品。如果有，他们又是怎么配置的。成熟超市也有通过率和停留率低的商品部门，但他们不会立刻动刀裁撤，而是有个应对流程：

卖场布局调整→商品分类调整→商品陈列调整→商品表现（生动化）调整

例如，某个区域的通过率低，不能立即盯着该区的商品陈列，甚至某个单品，而是要从整个店铺的全局考虑：是否布局上过分冷落该区？该区附近的几个分类商品是否都有些“冷”？用什么格局、通道、热点商品或灯光可以改进？解决通过率后，再看停留率，并分析陈列或商品表现是否有问题。

对于临近社区、以经营食品为主的超市，调整其非食品部门的一个基本原则是：低购买频率的非食品种类，若与烹制、调理食品有关，则尽可能保留，并不断丰富其种类；若与烹制、调理食品无关，通过率和停留率又低，则应坚决裁撤。

假如不做具体分析就撤掉那些购买频率低的非食品部门，很容易引起顾客不满——他们确实光顾、停留得少，但时常又有所需要，找不着自然着急。

(2) 商品陈列调整

通过率和停留率低有的是由于商品陈列和商品表现水平较差。如端架商品种类过多(导致挑选困难)、商品陈列量过少(没有量陈感)、POP 广告不醒目(没有冲击力)。这时就应调整陈列方式，或设置一些大型 POP 广告以吸引顾客的注意。

(3) 磁石商品调整

在客动线调查中，如果发现相当多的顾客在主通道中行走的距离短，就说明主通道中的磁石商品力太弱，不能持续诱导顾客在主通道上长距离地行走。这时就必须对磁石商品进行调整，但也要清楚，顾客不走一些通道，可能是因为商品与顾客的购买目的不一致。对他们来说，不管商品陈列和 POP 广告多么醒目，都不会引起过多的兴趣。但如果怎么调整顾客都不搭理，那就要重新判断主商圈内顾客的类型了。

(三) 客动线调研实例分析

案例一：

图 4-2 为一个营业面积为 1 300 m^2，卖场形状非常典型的食品超市。(注意，案例所代表地区的情况并不一定适应读者当地情况，可结合实际分析。)可以看出，该超市各条主通道顾客的通过率都十分理想，卖场布局设计可谓比较成功。

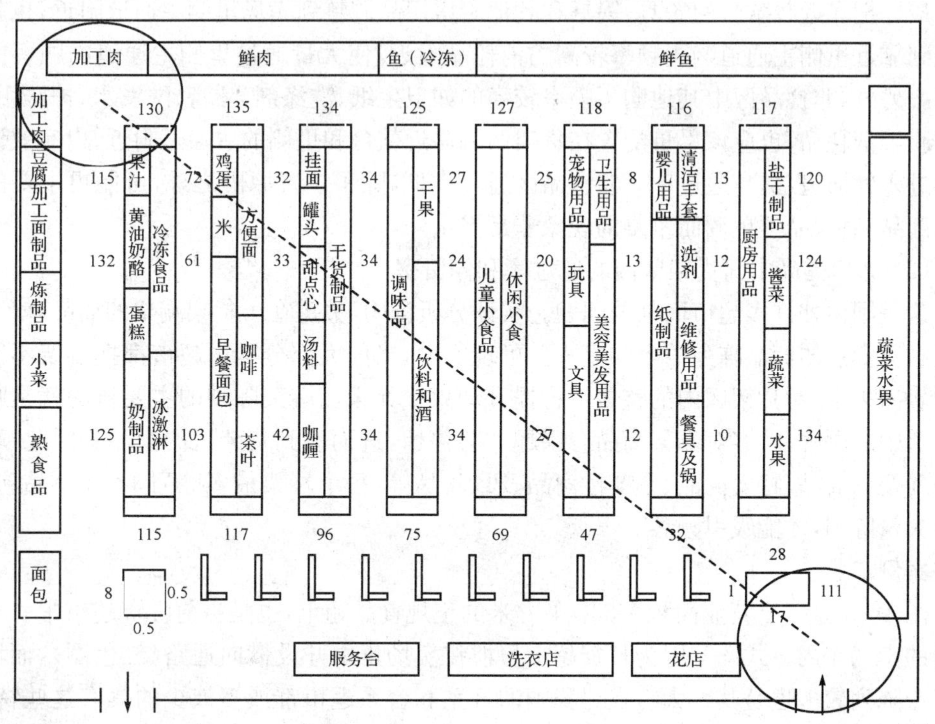

图 4-2　客动线调查案例 1

1. 通过率为什么这么高

卖场布局理论认为，与卖场入口处呈斜向对角线的位置是店内诱导顾客所能到达的最理想位置，也就是图4-2左侧最上角的位置。一般超市在此位置至少要达到80%的顾客通过率，才称得上基本合理，而该超市达到130%，且各条主通道的通过率都超过100%。这个卖场有一个突出的特点：除入口和出口之外，各条主通道中都不设置平台陈列，即卖场堆头，这是各条主通道顾客通过率高的主要原因。这一点值得我们深思，因为国内的超市多把堆头当做一个敛财工具。在美国的食品超市中，卖场主通道中一般不设堆头或平台陈列。平台陈列一般只用于入口处水果和叶菜的陈列，而且是单品大量陈列。

这种入口处平台单品的量陈，不会打乱顾客在主通道的行走路线，而且使顾客从店面外较远的地方识别卖场的位置，积极诱导顾客进入主通道。主通道中不设置平台陈列，使顾客的视线变得更宽广，充分发挥主通道尽头和拐角处磁石点的吸引作用，为顾客在店内的自然回游提供了良好的环境。更重要的是发挥了主通道两侧的商品关联和端架的作用，大大提高了顾客的通过率和停留率。

2. 几点改进建议

(1) 靠近卖场出口的面包销售区(高毛利)的顾客通过率极低

这说明面包区的商品组织和表现力存在严重问题，根本不能引起顾客的兴趣。如果该区域是招商联营，则应尽早更换厂家。如果是自营，应尽早放弃，招引有实力、有特色的面包房入驻。

(2) 靠近入口直线主通道处，左边货架内侧的非食品区(厨房、餐具等用品)的顾客通过率也相对较低

最好把靠近收款台的餐具、锅具和其他厨房用品调整到卖场里侧主通道附近，也就是调整到靠近里侧主通道购买频率较高的消耗品附近，使大量通过里侧主通道的顾客能够看到。另外，非食品区中其他购买频率较高的如卫生纸、洗涤剂、牙膏、洗发水、护肤用品、保鲜膜等消耗品，也应该尽量配置在货架两端靠近款台和里侧的主通道附近，以有效诱导顾客进入辅通道，提高通过率。非食品区通过率低，除了位置原因之外，可能更主要的还在于商品品种、品项单调而重复的现象非常严重。

(3) 如何提高中间货架区内的通过率和停留率

这是国内外许多超市面临的问题。实证分析证明，关键在于货架端架的商品陈列，即第三磁石卖点的商品陈列内容和方式。可现实中，当前大部分国内超市都把端架不假思索地卖出去了，对货架区内的整体销售提升却束手无策。端架陈列的主要目的就是吸引主通道中的顾客，顾客对端架商品有兴趣才会停留，进而看到货架区的商品。因此，端架应陈列畅销商品、特卖商品、季节性商品、PB商品等，每个端架最多陈列1～3个品项，而且要大量陈列，才能吸引顾客。

案例二：

图4-3是一个营业面积1 500平方米的正规食品超市，也是目前日资超市中一种较典型的卖场布局方式——因为日资超市习惯在卖场正中开设横向通路(红色圈)，而堆头或平台陈列较多也是其一大特点。我国的日系和台系超市都或多或少的具有这些特征。通过上图客动线调查统计结果，可以发现一些突出的问题：

1. 各条通路的顾客通过率没有超过 100%的

这说明入店顾客在卖场中的游动严重分散,造成主通路的通过率大减,严重影响主通路两侧第一、二磁石(如图 4-3 所示)的商品销售。顾客严重分散的原因,一是卖场中间那条横向通路;二是因为主通路中堆头过多,打乱了顾客在主通路中的行走路线。卖场中间是否应该设置横向通路?又如何设置?这在国际上一直存在争论。在美国,横向通路一般都用于大卖场,基本原则是:一般超市货架区商品陈列线在 18 m～24 m,而大卖场、仓储式卖场应达到 24 m～36 m,在这个距离中或超过这个距离时,可考虑设置横向通路。但是在日本,一般超市商品陈列线经常在 8 m～11 m 的距离就开设横向通路。而我国在这个距离,甚至少于这个距离的横向通路非常普遍。为什么货架区陈列线要达到一定的长度呢?美国学者的实证分析证明,商品陈列线长,可以更好地诱导顾客,促进货架区的商品销售。特别是当陈列线超过 20 m,而且副通路在 2 m 左右宽幅时,不仅可以更好地诱导顾客深入到货架区内,更有利于副通路两侧的商品关联陈列。

仔细分析图 4-3 的客动线调查就可以发现,该卖场连续 10 m 以上的商品陈列线几乎不存在。要知道,它只是个进深不到 40 m 的食品超市。调查数字表明,由于陈列线被

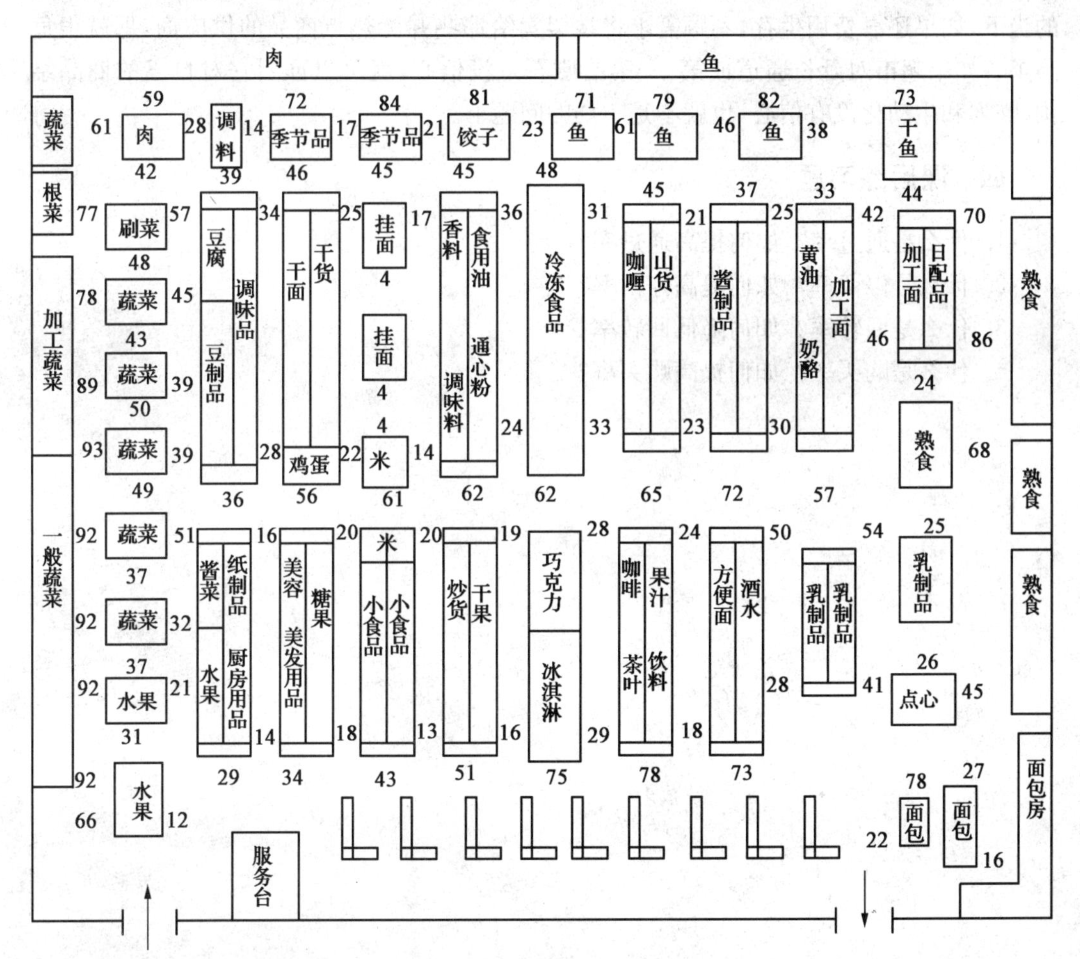

图 4-3　客动线调查案例 2

横向通路割断，顾客的行走距离既短又复杂。通路的选择性过多，顾客就有条件选择最短的距离购物，并选择最短的距离走向收款台。结果卖场第一、第二磁石的效果得不到发挥，集客力大大降低。

2. 主通路中的堆头陈列过多

这完全打乱了顾客在卖场中行走的路径，再加上横向通路，使顾客分流严重。调查数据表明，与入口处呈斜对角线的最里面的顾客通过率不到 80%，低于合理通过率的最低要求。另外，店内最里侧主通路的通过率也基本维持在 80%左右。这与案例 1 的卖场主通路的高通过率形成鲜明的对照。幸亏该卖场是接近于正方形的正规卖场，调整布局比较容易：除出入口部分商品外，首先排除主通路中的大量岛型平台陈列。其次，取消卖场中的横向通路，延长货架区的商品陈列线。再次，拓宽店内主通路和副通路。

当然，有人会反驳说：端架和堆头都是供应商交纳费用的“黄金点”，取掉横向通道等于砍掉了一半端架，堆头减少更是不知会有多少收益损失。所以对于不同时期的超市，端架费用收益要分别看待。如果在超市数量少、区域垄断度高的时期，顾客别无选择只能到这家超市，那么获取大量端架和堆头费用无可厚非。但在区域竞争加剧、价格战此起彼伏的当下，如果还靠费用生存，不顾需求将端架卖给那些并无热点商品的供应商，那就很危险了。如果超市对延长通道或第一、第二磁石点没信心，就可以证明它对自己的商品结构、陈列和生动化没有信心，也就不是布局的问题了。

四、课后练习题

1. 什么是通过率？如何提高通过率？
2. 什么是停留率？如何提高停留率？
3. 什么是回转率？如何降低回转率？
4. 什么是购买率？如何提高购买率？

单元五：卖场氛围塑造

一、学习目标

（一）能力目标

1. 能够对卖场的照明设计提出评价与建议；
2. 能够为不同卖场进行背景音乐的设计；
3. 能够对卖场的气味、通风提出评价与建议；
4. 能够对卖场的温度、湿度提出评价与建议。

（二）知识目标

1. 熟悉卖场照明设计的基本知识；
2. 熟悉卖场音乐设计的基本知识；
3. 熟悉卖场气味、通风的基本知识；
4. 熟悉卖场温度、湿度的基本知识。

二、任务导入

老师组织学生参观一家百货商场、一家超市，并从照明、色彩、音乐、气味、通风、温度、湿度等方面进行仔细考察，比较这两者的差异，对这两家卖场的氛围设计进行点评，并提出改进建议。

三、相关知识

这个时代已经进入了感性消费的时代，门店除了商品之外，它的色彩、灯光、声音、气味、温度等因素都成了触动购物者神经、影响消费者做出决策的一系列潜在因素。卖场氛围塑造一般会由艺术设计人员进行，店铺开发人员需要做的是进行审核。但是由于艺术设计人员在卖场氛围塑造时主要集中在灯光与色彩方面（色彩知识在服装陈列部分讲解，此处不做过多赘述），所以在这方面店铺开发人员只要了解基本知识能够进行审核即可，但是在背景音乐方面就需要开发人员与企业企划部人员共同设计，气味、温度、湿度等方面需要与工程后勤部门共同设计，所以商业管理类专业的学生需要具备一些音乐、美术等艺术方面的知识方能胜任工作。

（一）卖场照明设计

1. 商业环境照明分类

（1）自然照明

自然照明是指自然光。如果卖场白天采光好，会很明亮。这样，既可保持商品的本色，又可降低卖场的费用。有些商品如服饰或工艺品比较注重自然色彩，如果采用灯光，有时会使服饰颜色被曲解。例如，某一顾客购买了一双深蓝色的上衣，第二天可能会来退换，因为她在卖场中看到的是黑色而不是深蓝色。在条件许可的情况下，根据不同的门店形态可以考虑以自然光为主要照明光源，以满足人们回归自然、崇尚自然的现代心态，但是，由于自然光不方便创造视觉焦点突出商品，所以有些卖场对自然光采取回避的态度。

（2）灯光照明

① 一般照明

一般照明是全面性的基本照明，应从门店的营业状态、商品的内容、门店的构成、陈列方式等几个方面着手分析设计。一般照明要使整个空间光照均匀，明亮程度要适当，照明不仅要考虑水平面照度，也要考虑到垂直面照度，尽管光照均匀，也要避免产生平淡感。

② 重点照明

重点照明是突出商品的一种照明形式，它是为了增强对顾客的吸引力而采用的局部性照明。在百货商店或专卖店，以聚光光束强调珠宝玉器、金银首饰、美术工艺品、手表等贵重精密商品之耀眼，不仅有助于顾客观看欣赏、选择比较，还可以显示出商品的珠光宝气，给顾客以强烈的高贵稀有的感觉。重点照明使商品处在很明亮的环境中，让顾客能够清楚地看到商品的特征、性能、说明，并以定向光表现光泽，突出立体感和质感。

③ 装饰照明

装饰照明对门店光线没有实质性的作用，主要是为了美化环境、渲染购物气氛而设置的，多采用彩灯、壁灯、吊灯、落地灯和霓虹灯等照明设备。它是一种辅助照明，需注意与内部装饰相协调。一般大型百货商店多使用装饰照明来显示富丽堂皇，而超级市场如果规模不大，应注重简洁明快，但若在节假日点缀一下，或在门面上设置 CI 标识特殊的霓虹灯广告牌，也能以其鲜明强烈的光亮及色彩给人留下深刻印象。

2. 灯光的照明方式

（1）光源的位置

● 不同位置的光源给商品带来的气氛有很大的差别。

● 从斜上方照射的光。这种光线下的商品，像在阳光下一样，表现出极其自然的气氛。

● 从正上方照射的光。这种光可制造一种特异的神秘气氛，高档、高价产品用此光源较合适。

● 从正前方照射的光。此光源不能起到强调商品的作用。

● 从正后方照射的光。在此光线照射下，商品的轮廓很鲜明，需要强调商品外形时宜采用此种光源，在离橱窗较远的地方也应采用此光源。

● 从正下方照射的光，能造成一种受逼迫的、具有危机感的气氛。

● 在以上不同位置的光源中,最理想的是“斜上方”和“正上方”的光源。

(2) 照明方式

根据不同造型及材质的灯具对光线的控制形成的光照特点,可以把照明方式归纳为以下 4 种类型。

① 直接照明

所谓直接照明,是指灯具发射光通量的 90%~100%到达工作面上的照明形式。因此,所使用的灯具必须是定向式照明灯具,才能把大部分光线集中投射到指定的工作面上。直接照明的特点是光效率高,明暗对比强烈,对人的生理和心理都会产生强烈的冲击。因此往往用来突出某一部分营业场所和商品,使人集中注意力。如对墙面上的正挂商品或橱窗中的展品进行直接照明,就会使展品更加突出,引人注意。但如果在视觉范围内长时间出现强烈的明暗对比,会使人产生疲劳感。

② 间接照明

当灯具直接投射工作面的光线在 10%以下,而 90%以上的光线是通过反射间接地作用于工作面,这种照明形式被称为间接照明。间接照明的灯具多用不透光材料制作而成。因采用反射光线的方式来达到照明的效果,其工作面上的表面照度要比非工作面上的照度低,故光能消耗较大,工作效率较低,但工作面的光线比较柔和。在门店中,这种照明往往与其他照明形式结合使用。

③ 半直接照明

所谓半直接照明,是指灯具发射的光通量 60%~90%直接投射于工作面上,其余光线通过反射作用于工作面的照明方式。该照明方式在对工作面进行直接照明的同时,对非工作面进行辅助照明。这种照明方式一般选用半透明的材料来制作灯具,使之可以透过一部分光线投向非工作面。如果选用不透光材料,就要通过设计和造型使光线能通过灯具射向非工作面,如灯罩上部开口等。半直接照明方式在满足工作面照度的同时,也能使非工作面得到一定的照明,使光环境明暗对比主次分明,而又不失柔和。

④ 半间接照明

所谓半间接照明,是指灯具发射的光通量 10%~40%直接到达工作面上,剩余光线通过反射,间接地作用于工作面进行照明的一种方式。这种照明方式与间接照明方式很接近,效果也很接近,只是工作面上能够得到更多的照明,并且没有强烈的明暗对比。

(3) 整体氛围与重点部位照明设计

① 整体氛围设计

不同的光源与环境气氛有很大关系。例如,舞厅要求亲切、有一定私密性的气氛,宜采用青灰暗淡的背景灯光并用彩色灯光表现欢快的气氛;快餐厅的顾客交替快,因此,应具有较亮的照度,并采用鲜艳或者较刺激的色彩来振奋顾客的精神,用快速的音乐加快顾客就餐的节奏,有些快餐厅甚至是站着吃的,更不便顾客久留。而在西餐厅则是另一种环境气氛,暗淡蜡烛光,衬着轻微的背景音乐,使顾客有安逸的环境,有充裕的时间进餐。这种气氛设计需要调动一切物质条件和设计手段来进行创造,如灯光的配合、材料的运用、空间组合的收放、音响效果的渲染和色彩的陪衬等。

同时,应根据室内气氛烘托的要求,确定各个区域光源的光色及其组合。与颜色一样，光色对室内气氛的创造起着决定性的作用，而光源的光色又与光源的色温相关。一般来说，色温低的光源如红光、黄光等，会使商店内有一种稳定、温暖的感觉；随着色温的升高，逐渐呈现出白色乃至蓝色，使室内气氛变得爽快、清凉。

在考虑色温因素的同时，还必须注意到色温与照度的关系。一般来说，当基本照明的照度较低时，采用色温高的光源会使室内产生一种阴冷的感觉，而当照度较高，色温偏低时，则又会造成一种闷热的气氛。所以，应根据室内环境总体设计要求，选择适当的照度和色温。另一方面，可以用不同光色的光源组合手法创造最佳的光环境，并通过光色的对比，巧妙布置"照度的层次"和"光色的层次"。也可以在同一空间中，使用两种或多种光色差很大的光源组合，来达到多层次的灯光效果。比起提高照度取得层次效果来说，通过光色对比的方法可以减少商店照明设备的投资，并可节省日常用电，因此可以起到更实用、经济的效果。

在现代商业环境中，眩光对形成良好的光环境影响很大。因为商品种类繁多，需要利用照明突出重点，表现各自不同商品的特质，这就带来了不同光源、不同照射角度和表现形式的照明方式。如何避免眩光，创造舒适的购物环境是商业照明中重要的一个课题，它将直接影响整个商业环境的质量。

为创造舒适的光环境，减少顾客的视觉疲劳，可以采用眩光少的一般照明，并尽量采用眩光少的灯具，如用格栅灯或反射光槽等方法来遮挡光源。还应注意灯具的排列，使布光均匀，并且一般不宜过亮。此外，不要用装饰灯具兼作一般照明和重点照明。一般情况下，亮度高的光源在视线附近时，就易发生不舒适的感觉，从而降低视力，长时间会使眼睛疲劳，所以在商业环境中更要注意对光源的遮挡。如使用重点照明用强光向商品照射时，应对照明灯具的照射方向和角度加以考虑，光源应设置在观赏者的一边，避免光线射入顾客的眼睛。场地中央陈列应用聚光灯，充分遮挡光源以防止眩光，并注意由于反光而产生眩光的影响。

② 重点部位的设计

卖场内的照明度必须要有变化，有些地方亮一点，有些地方暗一点。如果到处都是一样明亮，难免给人单调的感觉。因此，卖场内依照场所不同，适当分配照明度，这是很有必要的做法。重点部位的照明设计包括入口、橱窗、顶棚、墙面等，而这些均必须结合卖场的规模、性质、造型特点和销售内容等来确定。

a. 门店入口

门店外部照明是吸引顾客的重要一环。店面、店标、店门等部位的入口照明设计，应体现该门店的经营特点，并充分展示其艺术风格。因此，可以在重要的地方设置醒目的和装饰用的灯具，利用彩色灯光及光源进行装饰，并将重点部分，如招牌、标志、名牌等用灯箱的方法来设计，或用自动调光装置使照明不断变化。

同时，为了使过路的顾客对门店有强烈的印象，正面应采用明亮的照明，主入口处的地面或墙面可以做成明暗相间的图案，以表现韵律感。其墙面照度要均匀而特别明亮，并把入口作为第二橱窗来考虑，强调商品的立体感、光泽感、材料质感和色彩感。

为了避免眩光，在适当加大照度的同时，要注意灯具安放的隐蔽性；闪动式照明可结合店名、店标或简洁的图案设置，起到画龙点睛的作用；避免过于耀眼刺激的闪光光源，掌握好既悦目又令人舒畅的分寸。应当指出，入口的照明效果宜与店内部的光亮相调和，入口太亮，会使人产生店内阴暗的不良感觉。通过以上的方法，使外立面更醒目，并将该门店的特点充分地表现出来，让人一目了然，过目不忘。

b. 橱窗照明

橱窗内的陈列一般是该门店重点商品的陈列与展示，这具有一定代表性，反映着门店销售的商品类型、档次及风格。因此，橱窗的人造光环境应极富变化，并随商品种类、陈设方式及其空间构成的不同而各异。通过陈列方式的设计、照明及环境气氛的营造，使顾客对该门店产生良好的印象和兴趣，并引导他们合理消费。为了创造醒目的橱窗照明，可以采用增加亮度的方法，使商品更显眼。对于亮度与注意力的关系，国外曾做过调查，其结果如表 5－1 所示。

表 5－1 照度与注意力的关系

照度(lx)	使路人驻足的比率
180	11%
480	15%
780	17%
1 200	20%
2 000	24%

注：100 W 的白炽灯的正下方 1 m 距离处的亮度为 100 lx。

可见，橱窗越亮就越能引起人的注意，但设计亮度也是有限的，还要通过其他照明的手段达到理想的效果。实际的照度应取决于门店所处的地域，一般来说，位于商业中心的门店，可取 1 000 lx～2 000 lx，远离商业中心的门店则取 500 lx～1 000 lx 左右。实际上，即使在白天，为了克服镜面反射而难以看清商品的毛病，也应在橱窗内设置均匀的基本照明。

为了使橱窗中的商品艺术效果更突出，可以采用聚光照明，强调商品的立体感、光泽感，材料质感和色彩，以取得独特的表现效果；或通过变化的光源，利用装饰性的照明器和彩色光源，使整个橱窗更加绚丽夺目，以引起顾客的注意。

在为橱窗配置光源时，照明设备应有较大的灵活性，以适应橱窗经常不断变化的陈列布置。因此，应选择能自由变更照射方向的器具，如可以使用多个装在电源导轨上的聚光灯，也可以由多种光源或照明器组合应用。光源组合宜按空间构成设计而采用不同的照射方向(如顶光、背光、脚光、面光等)，使橱窗的整体表现更富有层次性和韵律感。另一方面，室外橱窗照明的设置应避免出现镜像。橱窗照明宜采用带有遮光板的灯具或漫射型灯具。当灯具在橱窗顶部距地面大于 3 m 时，灯具的遮光角宜小于 30°；当安装高度低于 3 m 时，则灯具的遮光角宜为 45°以上。

c. 顶棚照明

在商业环境中，顶棚设计往往将光源和灯具结合在一起，以达到与建筑及室内环境统一的效果，并维护室内装饰的整体性。同时，由于光源比较隐蔽，可以避免眩光，从而形成良好的光照环境。常见的有发光顶棚与光带、发光灯槽和光栅照明等形式。

发光顶棚与光带。做法是在吊顶采用透光材料并在内部设置光源。发光顶棚吊顶内的光源应排列均匀，并保持合理的间距。发光顶棚的优点是使空间内能获得均匀的照度，可以减少或消除室内的阴影，使整个空间开阔、宽敞。光带是发光顶棚的一种。它的形式和形状多样，可以组合出各种造型和图案，装饰性极强。表面可以用格栅、透光板，也可以不加遮挡。光带的照明有区域性，所以可以根据空间的使用特点设置，如在办公区域，可按办公桌的位置设置；在商业空间，可以根据货柜的位置设置，其光源位置多用荧光灯。

发光灯槽。发光灯槽的做法是利用建筑结构或室内装修对光源进行遮挡，使光投向上方或侧方，并通过反射光使室内得到照明。由于是间接照明，故能得到柔和、均匀的光环境。通过发光灯槽的处理，会使顶部更具有层次感，同时顶棚被照亮，会使整个空间有增高的错觉。发光灯槽可以是一层，也可以是多层。发光灯槽主要起装饰作用，不应作室内的主要照明，所以在选用光源时，不应采用过大功率的光源。发光灯槽多设置在室内吊顶上，也可以在墙面上运用，在墙面设置发光灯槽要特别注意光源的位置，避免暴露光源。由于在顶部采用发光灯槽会让吊顶局部降低，因此，采用发光灯槽的条件是室内空间较高，同时，为了避免光源暴露在人的视觉范围之内，应使发光灯槽内的光源与槽边保持200 mm～300 mm 的距离，发光灯槽的内壁要进行增强光的反射处理，并避免吊顶内部结构外露，影响观瞻。此外，应考虑发光灯槽距顶部的距离，距离越大，则被照射的顶面积就越大，反之则越小。

④ 墙面照明

墙面可以利用壁灯、发光灯槽或格口照明。格口照明是利用不透光的挡板遮住光源，使墙面或某个装饰立面明亮的照明装置。格口照明可以使墙面具有层次感和通透感，从而改善空间的视觉尺度。同时，还可以强调墙面的装饰，使装饰、壁画、布幅等更加突出，以达到更好的装饰效果。

4. 商品照明与色彩的表现

(1) 陈列架与柜台的照明

门店中柜台数量众多，也是与顾客频繁接触的地方，它的照明效果如何，直接影响到营销环境的好坏。商品陈列架的垂直面的照度应为整个门店的 1.5 倍，重点商品、微型商品或高档商品则可达到 3 倍以上，以吸引顾客的注意力。配置光源时，柜台灯具需隐藏，还要留意灯罩尺寸及安装角度，使灯光不直接照射到顾客的眼睛。同时，特殊商品可以采用层次照明及特殊照明手法。例如，在出售手表、宝石、金银首饰等地方，为了表现商品价值与光泽，可以设置定点照明或吊灯照明。这时，吊灯的位置应靠近柜台前沿，避免玻璃面反映灯具而看不清柜台商品。为了表现商品的透明感、轻快感，可以采用透过玻璃隔板从下方照射的办法。

(2) 商品色彩的表现

① 显色性对照明的影响

门店必须把握好光源的光色和光源的显色性，选用显色性高、光束温度低、寿命长的光源，如荧光灯、高显色性钠灯、金属卤化物灯、低压卤钨灯等，同时宜采用能够吸收光源辐射热的灯具。当光源的平均显色评价指数(RA)越接近 100 时，其显色性越好，越能正确地表现商品色彩，如三波长发光型荧光灯(RA＝84)、高显色荧光灯(RA＝92)、阳光灯(RA＝92)等。同时，应注意不同环境下，使用不同显色性光源。一般来说，对在自然光下的商品照明时，以采用高显色性(RA＞80)光源、高照度为宜；而对在室内的商品进行照明时，则可采用荧光灯、白炽灯或其他混光照明。

② 色温对照明的影响

由于色温是随照度的变化而变化的，应注意的是，即使选用高显色性的光源，在100 lx～200 lx程度的低照度时，感觉到的色彩鲜明度也会变得很淡薄。所以，为了正确显示商品的色彩，照度必须达到一定标准，并随商品的种类、形状、大小、展示方式等确定照度，灵活地运用一般照明和局部照明，使之达到应有的照度。

为了创造商业空间清洁、明亮、沉静的空间感觉，应选用冷色系即5 000 K以上的灯光，如蓝色、绿色等作为基调色；若想要造成温暖、欢快的感觉，则用白炽灯和低色温的荧光灯比较适合。

③ 商品材质对照明的影响

商品材质及其质感的表现是引起顾客兴趣与好奇的重要手段，这就要求在照明设计时，应把商品材质的特性与光源光质的特性密切结合起来考虑，并根据商品的特点，选择特定的灯具，鲜明地表现商品的特定色彩。

例如，荧光灯产生的效果和白炽灯产生的效果有很大的不同：荧光灯缺少红色和黄色，其冷色调较轻松雅致，不如暖色气氛强烈；白炽灯含有相反的成分，很难表现蓝色和绿色，却可以强调红色和橙色的效果，暖色调较吸引人等；色温高的光线，不仅有凉爽的感觉，而且能够体现健壮、清澈、动感；色温低的光线能够得到暖和的、柔和的、暗淡的、安全的气氛，可以强调木料、布料、地毯的柔软的触感。

此外，还可以通过具有一定光色的光源强化商品的色泽。例如，对于玻璃器皿、宝石、贵金属等商品的照明，应采用高亮度光源。对于布匹、服装、化妆品等商品的照明，宜采用高显色性光源，并且一般照明和局部照明所产生的照度不宜低于500 lx。对于肉类、海鲜、菜果等商品的照明，则宜采用红色光谱较多或用带有红色灯罩的聚光灯、吊灯等对鲜肉进行照明，使之反映新鲜的感觉，以增加顾客购买欲。

而指向性强的光，其光线向一个方向直射，落到物体表面后也向同一方向反射，这种光源在照射商品时会产生明显的阴影，可以较好地表现它们的光泽，适于照射金属或陶瓷制品等。荧光灯等发出的光线较柔和，扩散性强，落到物体表面后向不同方向反射，不易产生阴影，被照射的商品给人以实在、稳重的感觉，适于服饰、衣料之类的质地表现。

(3) 商品立体感的表现

对于众多的商品来说，恰当地表现立体感，可以增强商品的吸引力。因此，正确地运用光源在物品物件上所产生的阴影，是表现立体感的一个重要手段。

为了达到这一目的，首先应恰当地确定物体两侧的明暗差别，当反差小时，阴影不明显，物体表现为平扁状；当反差大时，阴影过重影响空间的气氛。一般将两侧照度之差调整为1∶3～1∶5时，可取得最佳立体感的表现效果。同时应恰当地确定光线投射的方向，尤其在使用聚光灯表现模特儿和雕像等物体的立体感时，投射光应从斜上方照射，才能获得自然的表情，若从下向上投射，则会产生凝重而反常的阴影效果。为获取聚光灯最大亮度的效果，可以采用与垂线夹角为35°的投射角度，这时，被照射的物件在人的视线方向上所呈现的亮度最大，其立体感也表现得最为清楚。

(4) 防止照明对商品的损害

有时候，当顾客拿起商品时才发现商品有些部分已褪色、变色，这样不仅商品失去了销售的机会，同时也使门店的信誉大打折扣。为防止因照明而引起商品变色、褪色、变质等类似事件的发生，在平时应经常留心以下事项：商品与聚光性强的灯泡之间的距离不得小于30 cm，以免光线的热量、灼烧导致商品褪色、变质；要经常查看资料和印刷品是否有褪色和卷曲的现象；由于食品在短时间内容易变色、变质，所以要远离电灯；对逐渐暗淡的电灯要在其“寿终正寝”之前提前更换。

(二) 卖场背景音乐设计

1. 背景音乐的重要性

《法制晚报》与新浪网站《生活频道》曾经联合推出了顾客关于商场背景音乐感受的调查，结果显示：绝大多数顾客都喜欢有背景音乐的商场。但是，由于背景音乐声音过大、节奏过快等原因，有接近80%的顾客都表示曾对商场的背景音乐感到烦躁不安，很多顾客因为背景音乐过于吵闹而离开商场，放弃了消费。尽管很多顾客对多数商场的背景音乐不满意，但事实上，有86%以上的顾客还是希望商场播放音乐而且有96%的顾客认为商场背景音乐的质量对商场档次、形象有影响。但在现实生活中，有的商场却没有注意到这一点，认为商场只要有音乐就行了，至于播放什么类型的音乐则完全没有目的性。更有甚者完全按播音员的个人喜好，想放什么音乐就放什么音乐，殊不知这样往往会适得其反。

2. 音乐对人的影响

(1) 心理方面的影响

音乐是用旋律书写的作品，表达作者的欢乐、喜悦、彷徨、忧愁、愤怒、激情、沧桑、坚强、希望等情绪，与文字作品不同，音乐具有模糊性和不确定性，音乐更像是一种互动的交流。在心理层次，音乐会引起主管人类情绪和感觉的大脑自主反应，而使得情绪发生改变。

国外的心理学家曾对三个不同的交响乐队的208名队员进行了分析。结果发现，以演奏古典乐曲为主的乐队队员心情都平稳愉快；以演奏现代乐曲为主的成员中60%以上的人容易急躁，22%以上的人情绪消沉，还有一些人经常失眠、头痛、耳痛。对一些音乐爱好者的调查结果显示，在经常欣赏古典音乐的家庭里，人与人的关系和睦；经常欣赏浪漫派音乐的人，性格开朗；而热衷于现代派音乐的家庭，成员之间经常争吵不休。当然，音乐作品所表达的情绪对不同的人会有不同的结果，并非绝对。

(2) 生理方面的影响

从生理作用来说，音乐是一种有规律的声波振动，能协调人体各器官的节奏，激发体内的能力。人的躯体内无处不在进行着振动，脑有电波，胃肠有蠕动，心脏有搏动，紧张和松弛，收缩和伸展，这些振动都有一定的节律，就像人的生物钟一样是有规律的，有节奏的。当音乐的节奏、旋律和自己体内所感受到的节奏相吻合时，就会产生快感和愉悦。

另外，除了二者需要相互吻合之外，音乐还能刺激人体的自主神经系统，进而引导调节人体的心跳、呼吸速率、神经传导、血压和内分泌。科学家们发现轻柔的音乐会使人体脑中的血液循环减慢;而活泼的音乐则会增加人体的血液流速。另外,高音或节奏快的音乐会使人体肌肉紧张,而低音或慢拍音乐则会让人感觉放松。

3. 背景音乐设计思路

(1) 音乐类型与门店定位的匹配

音乐按照不同的标准有多种分法,背景音乐究竟需要哪一种类,必须根据门店定位来定,根据目标消费群体的爱好以及经营管理的需要来确定。首先来看一下顾客对不同的音乐类型的联想:人们往往会将古典的西洋音乐与欧洲的贵族或高社会层次人士联想在一起。因此,在定位比较高的精品店中播放古典的、优雅的音乐,可以烘托商品与服务的价值,使顾客想当然地认为门店内商品的品位也高。相反,流行音乐或乡村音乐更加贴近大众,播放这种音乐时,顾客会认为店内的商品会比较平实,贴近自身生活。因此,时尚类商品以及运动休闲专卖店应以流行且节奏感强的音乐为主;儿童类商品店则可放一些欢快的儿歌;高档商品类卖场为了表现幽雅和高档,可选择轻音乐。超市是一个不管你是何种阶层都会进入并且购物的地方,一个大型超市在选择音乐上也要做到很全面,要迎合不同的阶层。可以选择一些乐器演奏的民族歌曲,民族歌曲的选择最为安全也最容易让顾客接受,不会出现顾客抱怨卖场音乐庸俗的隐患,同时也不会使得卖场的档次降低。

(2) 音乐节奏的灵活把握

一般来说,门店中播放的音乐比较柔和而且节奏较慢为好。慢节奏的音乐,能够使人放松、沉静,可以使人静下心来轻松购物。因而在顾客不是很多的情况下,播放慢节奏的音乐可以相对延长顾客在卖场内停留的时间,增加顾客的消费。所以常常看到酒吧或咖啡厅里播放的音乐大都是轻、慢节奏的,顾客就在这种悠然自得的环境下浅饮低酌,不知不觉已是喝了一杯又一杯。

美国高盛市场研究人员曾在该国西南部的一个超级市场,对音乐影响顾客购买问题做过一些有趣的实验。实验结果表明:顾客的行为往往会同音乐合拍,当音乐节奏加快、每分钟达 108 拍时,顾客进出商店的频率也加快,这时,商店的日平均营业额为 12 000 美元;当音乐节奏降到每分钟 60 拍时,顾客在货架前选购货物的时间也就相应延长,商店的日均营业额竟增加到 16 740 美元,上升 39.5%。

相反,如果在卖场播放节奏快的音乐,会加快人的运动节奏,使顾客在卖场里流连的时间缩短,所以在客流高峰时适当播放节奏欢快的音乐,可以鼓动顾客加速消费或采购,缩短顾客在店内的停留时间,减少堆集客流的效果,同时选择在卖场热卖过程中,配以热情、节奏感强的音乐,会使顾客产生购买冲动。另外,每天快打烊时,商店也会播放快节奏的摇滚乐,迫使顾客早点离开,好早点收拾早点下班。

音乐的节奏对疏散人流还有一定的作用。在人流量小的时候可播放一些平缓的古典音乐来留住客流,聚集人气;在人流量大的时候选择欢快的音乐让顾客加快脚步,使得店内的人流运动起来,缓解人流过于拥挤的问题。

(3) 音乐密度的选择

音乐的密度指播放的强度和音量。音乐应交替使用,如果反复播放同一内容,容易使人厌烦和疲劳。应该考虑卖场大小，看顾客在其中的停留时间，根据平均时间播放音乐，在这段时间内最好不要有重复的音乐。音乐也要有停止的时间，控制在一个班次播放两个小时左右，特殊情况下可延长。例如，商场热卖期间，人流多，要有热卖的气氛，就可全天播放。

卖场噪声的烦扰在所难免，卖场要制造某种氛围就要努力消除噪声。对于噪声的消除，一般是通过音乐的调节在一定程度上掩盖噪声。音乐的声音过大，会令人反感，如果声音太小，又达不到效果。因此，音乐的响度一定要与卖场力求创造的氛围相适应。店堂音乐音量大小的标准最起码要遵循人在店堂内的正常说话，应在 1.5 m 左右能够听清楚，但又不被噪声所淹没的范围之内，如果顾客都听不出音乐是从哪儿传出来的，则达不到创造氛围的效果。

衡量声音大小的专用术语是分贝(dB)，分贝是声压级的大小单位，声音压力每增加一倍，声压量级增加 6 dB。1 dB 是人类耳朵刚刚能听到的声音，20 dB 以下的声音是安静的，5 dB 以下的就可以认为它属于"死寂"的了。20 dB～40 dB 大约是耳边的喃喃细语。40 dB～60 dB 属于正常的交谈声音。60 dB 以上就会使听力受损，而待在 10 0 dB～120 dB 的空间内，如无意外，一分钟人就会暂时性失聪(致聋)。据有关报道，当卖场内平均噪声低于 80 dB 时，音乐环境下的中心音量比环境平均噪声高出 3 dB～5 dB，可有明显的降噪效果；当噪声高于 80 dB 时，音量低 3 dB～5 dB 为好。这是因为人的耳朵对乐曲旋律有选择作用，强度较低的乐曲反而能掩盖强度高的噪声。有时，卖场内嘈杂的声音可通过音乐来消除，但是，如果音乐不多加注意与控制，也会成为噪声，让顾客厌烦。

另外，在调节音乐的音量大小时应该注意音量大可以衬托出热闹的气氛，但是小音量的音乐，却可以鼓励顾客与销售人员进行对话，并作进一步的互动。因此，当门店需要人气的时候(如商场搞大型活动或遇到节日庆典时)，便可以播放稍大音量的音乐。相反地，如果销售已完成，需要顾客向服务人员进行多次询问沟通时(如古董字画、家具或高级服饰等)则小声量的音乐比较恰当。此外，根据音乐种类的不同，音量的大小也应不同。流行乐曲的音量应比轻音乐的音量大，流行的摇滚乐必须达到一定的响度才会有冲击顾客心灵的效果，而轻音乐如果太响会使人产生厌烦，觉得不合适。

(4) 时段对音乐的影响

背景音乐还需要根据每天的时段如开店、打烊等进行设计。上班前，先播放几分钟优雅恬静的乐曲，开店迎宾的时候就要在播放一些对顾客的问候语的同时播放一些欢快的歌曲，如《喜洋洋》、《步步高》，因为早上的时候人本来就有一点精神不振的感觉，播放一些欢快的歌曲会使顾客精神为之一振，使得顾客产生购物欲。开店之后会有一段时间是人流低潮期，这个时候就应该播放一些平缓的歌曲来留住客流，效果较好。当员工紧张工作而感到疲劳时，可播放一些安抚性的轻音乐。在临近营业结束时，播放的次数要频繁一些，乐曲要明快、热情，带有鼓舞色彩，使员工能全神贯注地投入到全天最后也是最繁忙的工作中去，也可以放一些对顾客有暗示性的音乐，如萨克斯曲《回家》。

在不同的季节下也应该选择不同的音乐，根据四季的不同特点选择可以表现出四季的歌曲。根据特殊节假日、特殊事件提示等。春天会给人一种万物复苏的感觉，这个时候就可以放黄雅莉的《蝴蝶泉边》、许巍的《晴朗》等这些有活力的歌曲；在酷热的夏天最适合播放梁静茹的《宁静的夏天》、任贤齐的《浪花一朵朵》等一些节奏轻快,会让焦躁的心镇定下来的歌曲。当顾客的心定下来才会有时间进行商品的选择,从而促进消费,在播放这些音乐的时候同时也在不知不觉中影响顾客购买应时节的商品。遇到特殊节日还要迎合节日的气氛来选择能烘托节日的音乐。例如,在圣诞节期间,卖场里播放着充满圣诞气氛的音乐,就会使顾客购物的心情受到节日氛围的渲染,从而促使顾客在卖场中享受美好的购物体验。

(三) 卖场气味、通风、温度和湿度的设计

1. 卖场气味的设计

(1) 卖场外气味

卖场外气味一般包括公路上车辆往来的汽油味、路面的沥青味及相邻卖场的气味等。路面上的味道无法人为地消除,只能尽量地避免不要把卖场开得离马路太近,而且要在卖场中适当地使用空气清新剂。相邻卖场的气味会对本卖场的气味产生很大的影响,不良的气味会使人不愉快,与卖场的环境、氛围不协调。在卖场中,要注意邻近卖场的气味,如果邻近卖场是花卉卖场,则清香飘到卖场中,会使顾客清爽,有购买的心情;如果邻近卖场是个药房或者宠物店,很浓的气味飘到卖场中,会让人有不好的联想,对于商品的购买也会有排斥心理。

(2) 卖场内气味

卖场内的气味对创造最大限度的销售额来说,也是至关重要的。如果这些场所气味异常,那么,商品的销售是不会达到可能达到的数量的;气味正常,会吸引顾客购买这些商品。人们的味蕾会对某些气味做出反应,以致可以只是凭借嗅觉就可嗅出某些商品的滋味,如巧克力、新鲜面包、橘子、玉米花和咖啡等。气味对增进人们的愉快心情也是有帮助的。花店中花卉的气味,化妆品柜台的香味,面包店的饼干、糖果味,蜜饯店的奶糖和硬果味,商店礼品部散发香气的蜡烛,皮革制品部的皮革味,烟草部的烟草味,均是与这些商品协调的,对促进顾客的购买是有帮助的。

美国国际香料公司采用高科技人工合成了许多令人垂涎的香味,包括巧克力饼干香味、热苹果派、新鲜的比萨饼、烤火腿的香味,甚至还有不油腻的薯条香味等。美国国际香料公司将各种人工香料装在精美的罐子中用来销售。根据定时设置,香料罐子每隔一段时间会将香味喷在零售店内,以引诱顾客上门,实验结果表明这种方法效果奇佳。因此,这种喷香味的罐子在美国的销路非常好,许多商店经营者用它们来吸引顾客、留住顾客,并且每天的花费只是几十美分而已。

正如有令人不愉快的声音一样,也有令人不愉悦的气味,这种气味会把顾客赶走。令人不愉快的气味主要包括地毯的霉味,吸纸烟的烟气,强烈的染料味,啮齿类动物和昆虫的气味,残留的尚未完全熄灭的燃烧物的气味,汽油、油漆和保管不善的清洁用品的气味,洗手间的气味等。

如上述的对卖场氛围有影响的其他因素一样,对气味的密度(强度)也必须与它的种类一并考虑,如果是不好的气味,那么,门店应当用空气过滤设备力求降低它的密度(强度)。对正常的气味,密度不妨大一些,以便促进顾客的购买,但是要适当控制,使它不致扰乱顾客,甚至使顾客厌恶。例如,化妆品柜台周围,香水的香味会促进顾客对香水或其

他化妆品的消费需要，但是，香水的香味过于强烈，也会使人厌恶，甚至引起反感，这样，反而会把顾客赶走。总之，要想做到卖场内空气清新，就要注意卫生，且有良好的通风设备。

2. 卖场通风、温度和湿度设计

(1) 通风设计

卖场内顾客流量大，空气极易污浊，为了保证店内空气清新通畅，冷暖适宜，应采用空气净化措施，加强通风系统的建设。通风来源可以分为自然通风和机械通风。采用自然通风可以节约能源，保证店内适宜的空气，一般小型商店多采用这种通风方式。而有条件的现代化大中型商店，在建造之初就普遍采取紫外线灯光杀菌设施和空气调节设备，用来改善门店内部的环境质量，为顾客提供舒适、清洁的购物环境。

(2) 温度设计

卖场的温度应遵循舒适性原则，冬季应达到温暖而不燥热，夏季应达到凉爽而不骤冷。否则，会对顾客和职员产生不利的影响。如冬季暖气开得很足，顾客从外面进店都穿着厚厚的棉毛衣，在店内待不了几分钟都会感到燥热无比，来不及仔细浏览就匆匆离开门店，这无疑会影响门店销售。夏季冷气习习，顾客从炎热的外部进入门店，会有乍暖还寒的不适应感，抵抗力弱的顾客难免出现伤风感冒的症状，因此在使用空调时，维持舒适的温度和湿度是至关重要的。

卖场内选择空调机组的类型时，应注意以下要求。根据卖场的规模大小来选择。大型卖场应采用中央空调系统，中小型卖场可以设分立式空调，特别要注意解决一次性投资的规模和长期运行的费用承受能力。空调系统热源选择既要有投资经济效益分析，更应注意结合当时的热能来源，如果有可能采取集中供热，最好予以充分运用。空调系统冷源选择要慎重，是风冷还是水冷，是离心式还是螺旋式制冷都要进行经济论证，特别要注意制冷剂的使用对大气是否造成污染。在选择空调系统类型时，必须考虑电力供应的状况，详细了解电力部门对空调系统电源的要求，以免影响正常使用。

(3) 湿度设计

卖场空气湿度一般参数保持在40%～50%，更适宜保持在50%～60%，该湿度范围使人感觉比较舒适。但对经营特殊商品的营业场所和库房，则应严格控制环境湿度，严防腐坏情况的发生。

四、课后练习题

(一) 简答题

1. 卖场人工照明有哪些类型？分别起什么作用？
2. 卖场内应该如何做好照度的分配？
3. 如何做好卖场背景音乐的设计？

(二) 案例分析

似火的骄阳似乎点燃了干燥的空气，吊带裙、无袖装飘摇着掠过街巷，当人们感觉酷热难耐的时候,有些人却在抱怨"冻得够呛"。抱怨的人并非身体有什么不适,而是在豪华的商厦停留、购物的时间过长。究竟夏季的商厦有多冷?记者对北京的商厦做了实地调查。

中午 12:10 王府井新东安商场

记者把自带的酒精温度计暴露在空气中 5 分钟后测量到的温度为 28.5℃。测量时记者注意避开了空气流动较强的通风口并将温度计放置在小桌上,降低人的体温对测量的影响。此后,在新东安商场地下 1 层,出售电子万年历的柜台,记者看到电子万年历显示该处的温度为 27℃(3 台显示 27℃,另有一台显示 28℃)。几乎在同一时间,在新东安商场外的王府井大街,树荫下测量到的温度为 36.5℃。新东安商场的工作人员男士基本穿着长袖衬衫和长裤,女士则比较多样,长袖衬衫、短袖衬衫、西服裙、长裤都有,还有的在衬衫外穿马甲。记者还注意到,商场中天井附近的温度较高,高楼层比低楼层的温度略高,各处温度的差异比较明显。

中午 12:30 世都百货

与新东安商场相距不远的世都百货,四层家庭用品部机械温度计显示的温度为 24℃,使用酒精温度计测量的结果为 24.5℃。世都百货各楼层温度相差不多,工作人员的穿着也整齐划一,男士一律为长袖衬衫、长裤和马甲,女士为长袖衬衫、西服裙和马甲。

下午 1:10 赛特购物中心

走进赛特购物中心,顿觉凉意袭人,记者携带的温度计显示温度为 22.5℃,地下一层超市冷柜附近的温度还要更低,难怪一位穿着短衣短裙的女营业员抱紧双臂,不堪凉意。四层文化用品柜台内,机械温度计显示的温度是 27℃,与记者携带的酒精温度计差异很大,可能是由于柜台内有灯光照射,玻璃柜又是封闭的,局部温度高。赛特员工的着装基本上与世都百货相同,上装为长袖衬衫和马甲,但有的员工在衬衫外面套上了西服外套。而顾客大多穿着无袖连衣裙,这样的对比实在有些让人吃惊。

下午 2:00 复兴商业城

室内温度较低的商场还有复兴商业城,为 23℃左右。在复兴商业城的文体部,同时悬挂着近十个机械温度计,有国产的也有从日本进口的,温度读数多数为 23℃,个别显示 24℃,记者的温度计显示 24℃。当班的营业员介绍,商场中央空调进、出风口处的温度有所不同,由于温度计悬挂在背风处,是房间中温度较高的位置。商场考虑不同售货区的差异,一般在周末和节假日人流较多的时候还会增加服装区的冷气供应量。据他们了解,复兴商业城内的温度在本市商场中是比较低的,有的营业员会觉得上班时很冷。复兴商业城文体部要求从 7 月 1 日起工作人员一律穿短袖衬衫上岗。不知 23℃的室温是否会"冻着"他们。

(资料来源:联商网)

问题 1:骤冷骤暖对身体有什么影响?

问题 2:究竟商场的温度多高合适?

问题 3:在商场进行温度设计时在不同区域会存在哪些问题?

单元六：超市商品陈列

一、学习目标

（一）能力目标

1. 能够选择合适的陈列方法；
2. 能够选择合适的陈列道具；
3. 能够确定科学的陈列原则；
4. 能够合理计算商品的陈列量；
5. 能够制定商品陈列配置表。

（二）知识目标

1. 熟悉超市商品常见的陈列手法；
2. 熟悉超市商品陈列原则；
3. 熟悉超市商品陈列配置表。

二、任务导入

A超市是位于福州地区某人口密集型城乡结合部的一家中型超市。该超市有一笔银行贷款两个月后即将到期，现拟通过商品品类调整优化商品结构以提高超市现金流，避免后期出现现金流短缺的问题。假设供应商的结款账期相同，请结合该超市今年6月份的相关商品销售信息，将茶饮料这个商品类别的商品结构和货架陈列进行重新规划，并制作出对应的商品陈列配置表。

【要求】

1. 选品以PSI值为主要参考因素，同时满足以下两个因素：① 所选商品数量为28种；② 除“其他茶饮料”以外的所有茶饮料小类不能缺失；
2. 在符合基本陈列原则的基础上，PSI值越大，商品陈列面数量越多；
3. 所选盒装商品的陈列面数量大致均等；
4. 商品陈列基本按照商品类别纵向陈列，但允许根据实际需要灵活调整；
5. 在层距设置合理的前提下，尽量避免货架空间资源的浪费；
6. 合理的层距应满足同层最高商品顶部距离上层层板5 cm。

商品资料明细见表6-1：

表 6 - 1　茶饮料 PSI 值计算表

序号	小类名称	商品条码	商品名称	单位	规格	售价（元）	销售额（元）	销售量	毛利额（元）	尺寸(cm)
1	橙汁饮料	6956416200036	美汁源果粒橙 1.8L	瓶	1800 ml	8.9	1432.9	161	129.0	直径 10.5 高 30
2	橙汁饮料	6956416200029	美汁源果粒橙 1.25L	瓶	1250 ml	7	826	118	77.3	直径 8.5 高 28
3	橙汁饮料	6921294305548	每日 C 鲜果橙橙汁饮品 1.5L	瓶	1500 ml	6.5	58.5	9	7.0	直径 9.2 深 30
4	红茶	6932394905019	康师傅柠檬冰红茶饮品 600 ml	瓶	600 ml	1.9	499.7	263	37.0	直径 6.7 高 22
5	红茶	6925303721398	统一冰红茶 500 ml	瓶	500 ml	2.2	479.6	218	42.3	直径 6.3 高 22
6	红茶	6956416200722	原叶滇红红茶 480 ml	瓶	480 ml	2.5	417.5	167	55.1	直径 6 高 21
7	红茶	6932394998349	康师傅劲凉冰红茶饮品 500 ml	瓶	500 ml	1.8	79.2	44	6.7	直径 6.3 高 22
8	红茶	6954251001887	志中岩茶(柠檬味)310 ml	瓶	310 ml	6	30	5	3.0	直径 6.8 高 16
9	花茶	6925303753658	统一洛神花茶 500 ml	瓶	500 ml	4	144	36	14.4	直径 6.7 高 22
10	红茶	6921294300918	康师傅柠檬口味茶饮品 250 ml	盒	250 ml	1	468	468	46.7	长 5.5 高 13 深 4
11	红茶	6921294396362	康师傅柠檬冰红茶饮品 1L	瓶	1000 ml	3.9	549.9	141	45.8	长 9.5 高 22 深 7.5
12	红茶	6921168558025	东方树叶原味红茶饮料 480 ml	瓶	480 ml	2.9	350.9	121	36.2	长 6 高 21 深 6
13	红茶	6921294398823	康师傅冰红茶饮品 2000 ml	瓶	2000 ml	6.8	435.2	64	34.0	长 11 高 30 深 9
14	红茶	6925303723910	统一冰红茶柠檬味红茶饮料 1L	瓶	1000 ml	2.9	313.2	108	23.0	长 9.5 高 22 深 7.5
15	红茶	6925303722562	统一 TP 冰红茶 250 ml	盒	250 ml	1.4	218.4	156	22.3	长 5.5 高 13 深 4
16	红茶	6921294398236	康师傅薄荷劲凉冰红茶饮品 250 ml	盒	250 ml	1	10	10	1.0	长 5.5 高 13 宽 4
17	红茶	6921294302387	康师傅冰红茶饮品 250 ml	盒	250 ml	1	24	24	2.5	长 5.5 高 13 宽 4
18	花茶	6921294391985	康师傅茉莉蜜茶调味茶饮品 1L	瓶	1000 ml	4	804	201	82.3	长 9.5 高 22 深 7.5
19	花茶	6921168558049	东方树叶原味茉莉花茶饮料 480 ml	瓶	480 ml	2.9	635.1	219	53.2	长 6 高 21 深 6

续表

序号	小类名称	商品条码	商品名称	单位	规格	售价（元）	销售额（元）	销售量	毛利额（元）	尺寸(cm)
20	花茶	6921294392067	康师傅茉莉清茶调味茶饮品 1L	瓶	1000 ml	4	396	99	37.7	长 9.5 高 22 深 7.5
21	花茶	6903254000045	惠尔康菊花茶 248 ml	盒	248 ml	1	203	203	40.6	长 6.5 高 11 深 4.3
22	奶茶	6921294358674	康师傅炼乳味奶茶饮品 500 ml	瓶	500 ml	3.8	1801.2	474	223.8	直径 6.5 高 22
23	奶茶	6921294358698	康师傅香浓味奶茶饮品 500 ml	瓶	500 ml	3.8	1603.6	422	190.5	直径 6.5 高 22
24	奶茶	6925303739454	统一阿萨姆奶茶 1.5L	瓶	1500 ml	10.5	1113	106	119.8	直径 9.5 高 31
25	奶茶	6925303732707	统一 TP 草莓味奶茶 250 ml	盒	250 ml	2.3	184	80	16.0	长 5.5 高 13 深 3.5
26	凉茶	6956367338697	王老吉凉茶植物饮料 1.5L	瓶	1500 ml	9.8	4782.4	488	425.9	直径 9.5 高 33
27	凉茶	4891599338393	加多宝凉茶植物饮料 310 ml	听	310 ml	3.2	892.8	279	80.6	直径 6.7 高 12
28	凉茶	6905714955513	台福消消火凉茶饮料 1.5L	瓶	1500 ml	7.5	427.5	57	68.4	直径 9.5 高 31
29	凉茶	6911988014283	达利园和其正凉茶 1.5L	瓶	1500 ml	7.7	138.6	18	2.3	直径 9.2 深 32
30	凉茶	6956367338680	王老吉凉茶植物饮料 310 ml	罐	310 ml	3.9	23.4	6	4.2	直径 6.8 高 16
31	凉茶	6923830301885	鸿福堂夏枯草饮料 500 ml	瓶	500 ml	5.5	16.5	3	5.3	直径 6 高 21
32	凉茶	4891599366808	加多宝凉茶植物饮料 500 ml	瓶	500 ml	4	220	55	19.2	直径 6 高 22
33	凉茶	6901424333948	王老吉凉茶 250 ml	盒	250 ml	2	292	146	38.4	长 6.5 高 11 深 4.3
34	凉茶	6923830302400	鸿福堂无糖罗汉果饮料 500 ml	瓶	500 ml	5.5	99	18	5.6	长 6 高 21 深 6
35	绿茶	6956416200715	原叶翠缕绿茶 480 ml	瓶	480 ml	2.5	235	94	31.0	直径 6 高 21
36	绿茶	6921294355055	康师傅冰糖菊花味绿茶饮品 500 ml	瓶	500 ml	2.6	52	20	5.9	直径 6.5 高 22
37	绿茶	6925303754136	统一白桃味绿茶调味茶饮料 500 ml	瓶	500ML	2.5	7.5	3	0.9	直径 7 高 22
38	绿茶	6921168558018	东方树叶原味绿茶饮料 480 ml	瓶	480 ml	2.9	345.1	119	38.2	长 6 高 21 深 6

续表

序号	小类名称	商品条码	商品名称	单位	规格	售价(元)	销售额(元)	销售量	毛利额(元)	尺寸(cm)
39	绿茶	6921294398847	康师傅低糖绿茶饮品 2000 ml	瓶	2000 ml	6.8	333.2	49	31.9	长 11 高 30 深 9
40	绿茶	6925303723934	统一茉莉花味低糖绿茶 1L	瓶	1000 ml	2.9	95.7	33	7.1	长 9.5 高 22 深 7.5
41	绿茶	6925303722432	统一绿茶饮料 250 ml	瓶	250 ml	1.4	72.8	52	7.6	长 5.5 高 13 深 4
42	绿茶	6921294330021	康师傅柠檬味冰绿茶饮品 250 ml	盒	250 ml	1	6	6	0.6	长 5.5 高 13 深 4
43	其他茶饮料	6925857100595	康之味油切麦仔茶饮料 1250 ml	瓶	1250 ml	7.6	45.6	6	9.6	直径 8.5 高 30
44	其他茶饮料	4891028706656	维他奶柠檬茶饮料 310ML	罐	310 ml	3.5	45.5	13	6.5	直径 6.8 高 16
45	其他茶饮料	4891028664871	维他柠檬味茶饮料 250 ml * 6	组	250 ml * 6	12.9	90.3	7	6.9	长 19 高 11 深 9
46	其他茶饮料	6903254688076	惠尔康冬瓜茶 248 ml	盒	248 ml	1	44	44	9.0	长 6.5 高 11 深 4.3
47	其他茶饮料	6932394992408	康师傅乌龙铭茶饮料 500 ml	瓶	500 ml	2.6	65	25	7.2	直径 6.2 高 22
48	其他茶饮料	6941727167314	三得利黑乌龙茶 350 ml	瓶	350 ml	5.9	47.2	8	10.4	直径 6.8 高 16
49	其他果汁饮料	6925303750275	统一冰糖雪梨饮料 500 ml	瓶	500 ml	2.2	666.6	303	45.9	直径 7 高 22
50	其他果汁饮料	6921294357745	康师傅冰糖雪梨梨汁饮品 1.5 L	瓶	1500 ml	6.5	416	64	34.8	直径 7 高 22

三、相关知识

商品陈列是连锁超市日常经营管理的重要内容，是连锁超市的“门面”，是顾客购买商品的“向导”，科学、美观、合理、实用的商品陈列可以引起顾客的购买兴趣和购买冲动，起到刺激销售、方便购买、节约人力、利用空间、美化环境等作用。据统计，店面能正确运用商品的配置和陈列技术，销售额可以在原有基础上提高10%。

（一）超市商品陈列的设备和用具

1. 超市商品陈列的主要设备和用具

(1) 货架

在封闭式售货方式中，货架一般只作陈列展示和储存商品之用；在敞开式售货中，兼具销售柜作用。货架一般分为两种：一种是沿商场四周墙壁摆放，称为靠墙货架；另一种是设置在商场中间不同位置上，称为中心货架。这种方法一般适用于大型超市或仓储店。除无法摆上货架的商品外，其他商品都可以用货架陈列，这也是目前零售店最主要的商品陈列方式。

陈列用的货架多以可拆卸组合的钢制货架为主。我国和日本等亚洲国家普遍使用一种高170 cm、长100 cm的货架，由于这种货架低于欧美式货架15 cm～20 cm，非常适合亚洲脸体型。当然，货架的高度还受连锁店业态、建筑层高和货物储存成本影响，也同商品大小有关。若是购物中心、仓储超市，货架要高一些。有些连锁店为了减少库存成本，不设仓库，货架很高，目的就是为了在货架上存储商品，而不在于销售，这就相当于增加了1/4的陈列面积。

各种业态模式的店面应使用符合各自标准的货架(如图6－1所示)：

- 便利店和个体超市使用的是1.3 m～1.4 m高的货架；
- 一般超市使用的是小型平板货架，高度为1.6 m左右；
- 大型超市使用的是大型平板货架，高度为1.8 m～2.2 m；
- 量贩店和仓储店使用的是高达6 m～8 m的仓储式货架。

图6－1 货架图

(2) 柜台

在封闭型售货形式中，柜台是顾客与营业员之间的交易工作现场(如图 6-2 所示)。它既是营业员的工作台，又是向顾客展示陈列商品的展示台。在敞开售货形式中，柜台一般只做营业员的工作台，较少用于陈列和销售商品。柜台分两种式样：一种是标准的长方体，另一种前面是坡形的坡面柜台，它的优点主要是方便顾客观看柜台中下层的商品，而不需要过多地弯腰或低头。以中国人的身高为基础，柜台的高度一般为 90 cm～100 cm 为好，宽度在 50 cm～70 cm 之间，长度可自选，但一般在 120 cm，柜台内部可单层或 2～3 层，底座高不应超过 20 cm。现代柜台大多由金属框架和玻璃镶嵌而成，传统的多为木质。玻璃柜台一般装有固定或可转换角度的照明灯，多为单色灯，也有装饰多色串灯，起陪衬柜内商品的作用，但使用较少。

图 6-2 柜台图

(3) 陈列柜

陈列柜不仅可以保证零售商品的质量，而且可以全方位陈列展示商品，方便了顾客挑选商品，美化了超市的购物环境，提高了卖场的档次，刺激顾客的购买欲望，最终可为超市赢得更多利润(如图 6-3 所示)。陈列柜形式很多，很难准确地进行分类，下面主要从外形结构和陈列商品的方式对陈列柜加以区分。

图 6-3 陈列柜图

① 按柜体陈列部位结构分

● 闭式陈列柜，其四周全封闭，但有多层玻璃做成门或盖，供展示食品或顾客拿取食品之用。闭式陈列柜内的物品与外界隔离，冷藏条件好，适合于陈列对贮藏温度条件要求高，对温度波动较敏感的食品，如冰淇淋、奶油蛋糕等；也用于陈列对存放环境的卫生要求较为严格的医药品。闭式陈列柜能耗较低，用于客流量较小的店铺时，可起到陈列和贮藏的双重作用。

● 开放式陈列柜，其取货部位敞开，顾客能自由地接触或拿取货物。敞开式陈列柜为顾客提供一个随意、轻松的购物环境，促进商品销售，所以特别适合于客流量较大、顾客频繁取用商品的大型超市。

② 按陈列商品的方式不同分

● 平式陈列柜，其柜面与地面平行，柜体低于人体高度，一般从上面取货。

● 多段式陈列柜，其柜体高于人体高度，后部板上多层搁架，可增加展示面积，以体现商品的丰富感，从前面取货，一般布置在超市食品部的中间部位。

● 多岛式陈列柜，其四周设围栏玻璃，顾客无论从哪一个位置都能看清柜内商品，一般做成敞开式冷柜。

（4）隔物板

为了区隔两种不相同的商品，避免混淆不清，通常采用隔物板将商品隔开。目前常用的隔物板有两种，一种为塑料隔物板，另一种为不锈钢隔物板。而在长度的选择上，通常货架上段多使用较低且短的隔物板，货架下段则多使用较高且长的隔物板。

（5）价格卡

价格卡主要用来标示商品售价并进行定位管理。价格卡一般以电脑打印，内容包括商品名称、商品号码、条形码、售价、排面数，经常贴于该商品陈列的货架凹槽内。价格卡可采用不同的颜色，以区分存货，方便订货，盘点更迅速（如图 6－4 所示）。

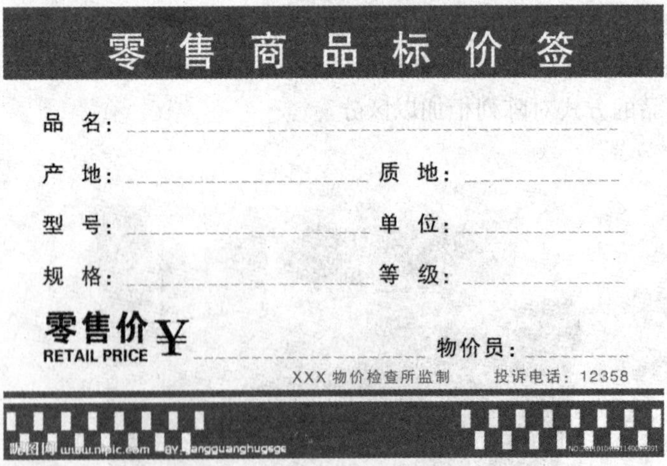

零售商品标价签

品 名：

产 地： 质 地：

型 号： 单 位：

规 格： 等 级：

零售价 ¥
RETAIL PRICE
物价员：

XXX 物价检查所监制 投诉电话：12358

图 6－4 价格卡图

（6）方形深篮、挂钩

方形深篮通常是用来陈列促销品，像体积小、耗量大的商品如袋装食品、袜子、毛巾、洗衣粉等；或体积大、重量轻的商品如棉被等（如图 6－5 所示）。

图 6－5　斜口笼

挂钩。挂钩是用来吊挂商品的；通常用于陈列服装、雨伞、袜子、文具、牙刷、球拍、五金、箱包、袋装小食品等需要吊挂的商品。它有很多种类，如单线挂钩、双线挂钩、承重挂钩等。

（7）栈板

为避免直接与地面接触受潮，必须使用栈板垫在最低层。最好使用木制、正方形的栈板，这样便可依场地所需任意组合。

（8）展示台

展示台包括中央展示台、台车、装饰台等。

● 中央展示台。展示台一般都要与其他摆设组合，才能达到预期效果。通常圆形台或 U 形台都不单独使用，而是搭配进行商品陈列，塑造卖场的综合性重点，其样式很多，一般用美耐板制成，价格低廉。但如果想要衬托档次，提高等级，可采用高级木料或丽光板。

● 台车。台车又称拍卖车，分为推车台、组合式推车台等。推车台以平台式居多，可作平面量感陈列和用横管垂吊商品两种陈列的立体器具，尤其适合于堆放式陈列。堆放式陈列，可以激发顾客的好奇心，诱使他们自己动手“去翻”、“去找”，而且它可以让顾客产生商品充实、丰富、便宜之感；组合式推车台色彩丰富，能引人注意。不同于推车台，组合式推车台的一个优点是，即使对它不太熟悉的人，也能轻易地将它拆除，但缺点是不利于管理。组合式推车台的尺寸以宽 180 cm、长 70 cm、高 80 cm 的一段式平面居多。

● 装饰台。装饰台位置一定要显眼。它是店铺的重点，大部分配合装饰物作重点陈列，所以要在其装饰上多下心思。展示台的形式各种各样，直线形、S 形、圆形是比较常见的几种形式。在选用时应考虑展示台的高度是否便与顾客拿去商品，宽度是否符合视觉上的美感等问题，通常圆形台和 U 形台常常搭配进行商品陈列以体现卖场的综合性和主题性。展示台的陈列特点是商品采取立体式的陈列，可以使陈列商品的全貌一目了然，所以是比较理想的陈列方法。一般天花板较高的卖场采用这种陈列方法除为了实现综合性的设计,还需要研究空间、商品和展示台之间的协调。

2. 商品陈列设备的使用技巧

合理使用各种设备,使其产生潜在的促销效应。商品中的货柜、货架、陈列用具及人体模型等的作用,既要方便超市内部管理的需要和购物现场的合理使用,更要突出商品对顾客的吸引力。因此,各种设备、用具的使用必须与超市的总体环境协调,包括超市内部结构与各种设备摆放的协调;各种设备相互之间的协调;同一设备自身内部结构的协调;设备与所陈列和展示商品间的协调。协调是形成美的基础,而美又是吸引顾客的最有效手段。

一般来讲,各种设备的有效使用应注意以下几点:

(1) 商品出入口处不能摆放高大的陈列柜或宽度较大的柜台,否则消费者一进入超市就会产生拥挤和不便的感觉,同时顾客的视线也会受到阻碍。

(2) 需要裸露陈列摆放的商品,不应放在陈列柜中。除大件商品,如电冰箱、洗衣机或车辆外,有些中小件商品也不适宜摆放在陈列柜中,如服装(除某些内衣外)、皮包书包类商品,一般应使用陈列架、挂钩等陈列工具,而不宜放在陈列柜内。因为这类商品属于挑选性、实感性、装饰性、对象性很强的商品,顾客在购买时大多要反复挑选比较。所以,这类商品采用裸露陈列的方式,能使顾客较方便地触摸、对比、选择,给人比方便、宽松的心理感觉。

(3) 专用于展示的商品陈列柜,应放在离出口不远的主通道旁。这样可使消费者能及时了解商品经营的最新商品信息。

(4) 对普通的陈列用具,如钩、架、模型等,在使用时不要摆放过平或成一条线。而应该高低、上下、大小、左右错落有致,形成不对称的协调美。因为,不对称的协调容易使得心理感觉趋向于活跃和新奇;而完全一致的一条线摆平给人以呆板乏味的感觉,难以激发顾客的购物情趣。

(5) 各种设备、用具一定要制造精巧,且不宜过多,不要喧宾夺主。同时用具的使用注意与商品的性质、特色、形状等因素基本一致,还要考虑色泽的合理搭配。

(6) 陈列柜等一般是放在超市里边,要留一条使顾客容易进入的通道。

(二) 超市商品陈列的方法和要领

1. 商品陈列的原则

(1) 显而易见的原则

商品陈列显而易见的原则要达到两个目的:一是卖场内所有的商品不仅让顾客看清楚,而且还必须引起顾客的注意;二是激发顾客冲动购买的心理。因此,要使商品陈列显而易见,要做到:第一,贴有价格标签的商品正面要面向顾客,商品的价格牌要准确并摆放正确,不要给顾客混乱的感觉;第二,每一种商品都不能被其他商品遮住视线;第三,货架下层不易看清的陈列商品,可以倾斜式陈列;第四,节假日、季节性、新商品的推销区和特价区商品的陈列要引人注目。

(2) 容易寻找选购的原则

容易选购就是店内的商品以顾客容易寻找选择的方式陈列,并尽量陈列于容易拿取的地方。通常只要连锁超市面积在 500 m^2 以上,就应该设置统一规划的货位分布图。规模较大的连锁店除了具有货位分布图之外,还应具备楼面的商品指示牌和卖场区域性商品指示牌。随着卖场上商品分布的变化，商品配置分布图和商品指示牌必须及时修改，及时修改货位分布图和商品指示牌，可以让初次光顾的顾客准确找到商品陈列的位置，也可以让老顾客及时看到卖场商品配置及陈列的变化。

(3) 陈列丰满的原则

商品种类丰富，数量充足，目的是使顾客有挑选的空间，避免产生脱销现象。从国内超市经营情况来看，超市营业面积每平方米商品的陈列平均要达到 11～12 个品种，也就是营业面积 100 m^2 的连锁便利店至少经营品种达到 1 200 种左右；营业面积 500 m^2 的超市达 5 000～6 000 种左右；营业面积 1 000 m^2 的超市达 10 000 种左右。

调查资料表明，做不到丰满陈列的超市和丰满陈列的超市相比，其销售额相差为 24%

(4) 先进先出的原则

随着商品不断地被销售出去，就要进行商品的补充陈列，补充陈列的商品就要依照先进先出的原则进行。当货架上的商品被销售出去需要进行补货陈列时，先把原有的商品取出来，然后放入补充的新商品后，再将原来的商品放在新陈列的商品的前面。也就是说，商品的补充陈列是从后面开始的，而不是从前面开始的，这样可以保证先进的商品先卖出去，保证商品的新鲜度。

(5) 同类商品垂直陈列的原则

货架上同类的不同品种商品要做到垂直陈列，避免横式陈列。因为人的视线上下移动方便，而横向移动其方便程度要较前者差。再者，同类商品垂直陈列可以使同类商品享受到货架上各个段位的销售利益，而不会使不同类商品由于横向陈列而销售利润不均衡。

(6) 关联性的原则

顾客常常是依货架的陈列方向行走并挑选商品，很少再回头选购商品，所以关联性商品应陈列在通道的两侧，或陈列在同一通道、同一方向、同一侧的不同货架上，而不应陈列在同一组双面货架的两侧。下面用图 6-6、6-7 分别表示错误和正确的关联性商品陈列法。

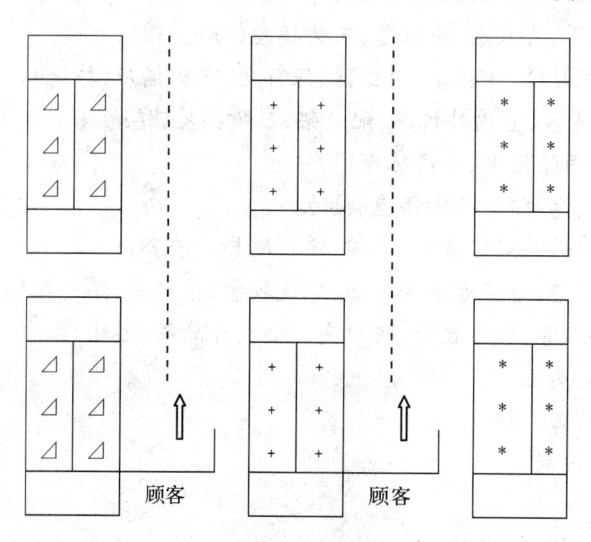

图 6-6　错误的关联性商品陈列

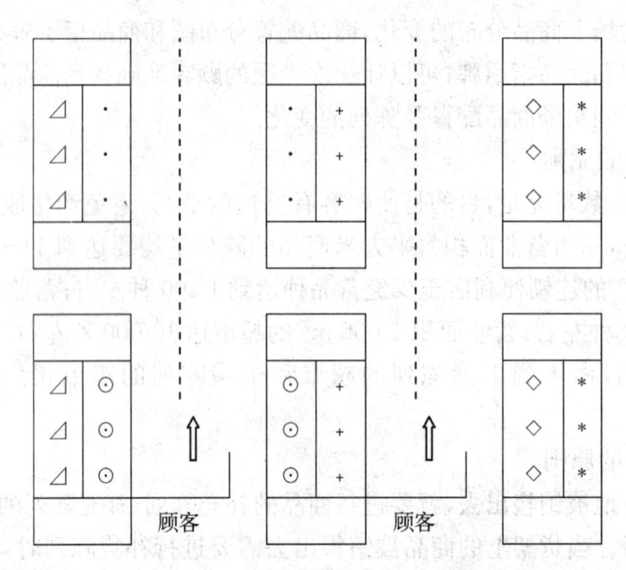

图 6-7 正确的关联性商品陈列

小资料(知识拓展)：

主要家用电器及其相关联商品

彩电：DVD机、VCD机、音响、天线连接线、电视机盖巾、遥控器电池(五号、七号)、遥控器套、遥控器架、电视机架；

影碟机：电视机、音响、功放、遥控器电池(五号、七号)、碟机盖巾、遥控器套、遥控器架、麦克风、碟片、碟片擦试剂、CD盒、光头清洗剂、连接线(VGA线、色差线、S端子线、光纤线、射频转换线)；

音响：电视机、DVD机、VCD机、功放、音箱连接线、遥控器电池(五号、七号)、遥控器套、遥控器架、麦克风；

洗衣机：洗衣机罩、洗衣网、洗衣篓、三脚插座(接地)；

冰箱：除臭器、保鲜膜、冰箱罩、稳压器、保鲜盒、三脚插座(接地)；

空调：负离子发生器、室内外机罩、配铁架、三脚插座(接地)；

油烟机：厨房专用除污剂、专用抹布；

洗碗机：洗碗剂、漂白剂、三脚插座(接地)；

微波炉：保鲜膜、耐高温微波器皿(碗、碟)、隔热的手套；

煤气炉：箔纸、炉垫、厨房专用除污剂、煤气胶管、接口夹、煤气报警器、一号电池；

燃气热水器：排烟管、煤气胶管、接口夹、花洒、升降架、浴球、浴巾；

电饭煲：淘米箩、蒸笼

电火锅：漏勺、鸳鸯火锅

排气扇：专用除污剂

吸尘器：吸尘袋

消毒柜：抹布、灯管、洗洁剂；

饮水机：一次性水杯、饮水机消毒液、杯架

(7) 尺寸搭配原则

商品的体积不一样，特别是高低不一样，如按高的商品设置层板，会发生空间资源浪费，也不好看，所以应注意商品尺寸的搭配，调整好层板与商品的距离，一般在商品尺寸搭配好的前提下，商品与上层板的距离以 3～5 cm 为好（二到三指的间隙）。

(8) 变化的原则

商品陈列忌固化，忌单调，否则给人的印象是缺乏新鲜感，沉闷。所以，第一，在整个卖场陈列立面上除了货架整齐陈列外，可用悬挂，堆垛等各种方法使整个卖场陈列富有层次又活泼。第二，货架、堆垛特别是端架上的商品要经常变化，根据商品季节性、DM 周期等推陈出新。

(9) 生熟分开的原则

生鲜食品在超市里可以分为“即开即食”和“需经加工”两大类别，需经加工的生鲜食品又可分为“已经过初步处理的半成品”和“未经处理的完全生食品”；就其包装要求而言，有“需冷冻”、“需冷藏”、“真空”、“散装”等多种形式，我们都必须将它们分别陈列，一方面以免细菌感染，另一方面以免顾客误购误食。

2. 商品陈列的方法

(1) 集中陈列法

这种方法是连锁超市陈列中最常用和使用范围最广泛的方法，是把同一种商品集中陈列于卖场的同一个地方，这种方法最适合周转快的商品。特殊陈列法就是以集中陈列为基础的变化的陈列方法。使用好集中陈列法，以下几点是在陈列作业中要特别引起注意的：

① 商品集团按纵向原则陈列

商品集团我们可以把它理解成商品类别的中分类，而中分类的商品不管其有多少小分类和单品项，都可以认同是一种商品，如水果是一个大分类，苹果是一个中分类，国光、富士和黄元帅是它的小分类。在实施集中陈列时应按纵向原则陈列，纵向陈列要比横向陈列效果好，这是因为顾客在挑选商品时，如果是横向陈列，顾客要全部看清楚一个货架或一组货架上的各商品集团，就必须要在陈列架前往返好几次，如果是不往返一次通过的话，就必然会将某些商品看漏掉了，而如果是纵向陈列的话，顾客就会在一次性通过时，同时看清各集团的商品，这样就会起到好的销售效果，根据美国的一超市调查表明，若将横向陈列改为纵向陈列，销售额可提高 42%。

② 明确商品集团的轮廓

相邻商品之间的轮廓不明确，顾客在选购商品时难以判断商品的位置，从而为挑选带来了障碍，这种障碍必须排除。除了在陈列上可以把各商品群区分出来外，对一些造型、包装、色彩相似的不同商品群，可采用不同颜色的价格广告牌加以明确区分。采用带颜色的不干胶纸色带或按商品色差陈列也不失为一种好的区分方法。

③ 集中陈列法要给周转快的商品安排好的位置

对于周转快的商品或商品集团，要给予好的陈列位置，这是一种极其有效的促进销售提高的手段。在超市中所谓好的陈列位置是指“上段”，即与顾客的视线高度相平的地方，其高度一般为 130 cm～145 cm。其次是“中段”即与腰的高度齐平地方，高度一般为 80 cm～90 cm。最不利的位置是处于接近地面的地方，即下段。

小资料：

根据美国的一项调查资料显示，商品在陈列中的位置进行上中下3个位置的调换，商品的销售额发生以下的变化：

(1) 从“中段”上升到“上段”＋63%。

(2) 从“中段”下降到“下段”－40%。

(3) 从“下段”上升到“中段”＋34%。

(4) 从“下段”上升到“上段”＋78%。

(5) 从“上段”下降到“下段”－32%。

(6) 从“上段”下降到“中段”－20%。

美国的这份调查资料不是以同一种商品来进行试验的，所以不能将该结论作为普遍的真理来运用，但“上段”陈列段置的优越性是显而易见的。实际上目前普遍使用的较多的陈列货架一般高170 cm，长100 cm，在这种货架上最佳的陈列段位不是上段，而是处于上段与中段之间段位，这种段位称之为陈列的黄金线。下面以高度为170 cm的货架为例，将商品的陈列段位作4个区分，并对每一个段位上应陈列什么样的商品作一个设定。

(1) 上段：上段即为货架的最上层。高度在130 cm～170 cm之间，主要陈列推荐商品、自有品牌和促销商品，或有意培养的商品，该商品到一定时间可移至下一层即黄金线。

(2) 黄金陈列线：黄金段是货架第二层，高度为80 cm～130 cm，即一般人眼睛最容易看到，手最易拿取的陈列位置，亦为最佳陈列位置。主要陈列高利润商品、自有品牌商品、独家代理或经销的商品及其他重要商品。但该位置最忌讳陈列无毛利或低毛利的商品，这对于整个门店的利润贡献将是一个重大损失。

(3) 中段：中段是货架第三层，高度为50 cm～80 cm，这一段主要经营陈列低利润产品，或为了保证商品的齐全性，及因顾客的需要而不得不经营、不得不卖的商品。同时，该位置也可陈列原来放在上段和黄金段上的正进入商品衰退期的商品。

(4) 下段：下段是货架的最底层，高度为10 cm～50 cm，这个位置不太明显，容易被顾客所忽视，因而，主要陈列体积大、重量较重、毛利低、易破碎但周转较快的商品。也可陈列一些消费者已认定品牌的商品或价格低的商品。

（资料来源：联商网）

(2) 整齐陈列法

这是按货架的尺寸，确定单个商品的长、宽、高的排面数，将商品整齐地堆积起来以突出商品量感的方法。如图6-8所示，它是一种非常简洁的陈列方法，整齐陈列的货架一般配置在中央陈列货架的一端，这种方法适合超市欲大量推销给顾客的商品及折扣率高的商品，或因季节性需要顾客购买率高、购买量大的商品，如夏季的清凉饮料、罐装啤酒等。整齐陈列法有时会令顾客感到不易拿取，必要时可做适当变动，如将前端堆成梯状。

图 6-8　整齐陈列法

(3) 随机陈列法

这种方法就是随机地将商品堆积在一种圆形或方形的网状筐或台上,通常配有特价销售的价格牌子,给顾客一种"特价品"的印象,一般门店特价或促销的商品采用这种方法。如图 6-9 所示,随机陈列的网筐的配置位置基本上与整齐陈列一样,但也可配置在中央陈列架的走道内,紧贴在其中一侧的货架旁,或者配置在卖场的某个冷落地带,以带动该处陈列商品的销售。如随便堆放的便宜皮鞋、围巾、过季服装、糖、咸菜和小食品等。

图 6-9　随机陈列法

（4）兼用随机陈列法

这是一种同时兼有整齐陈列和随机陈列的特点的陈列方法，其功能也可同时具备以上两种方法的特点，但是兼用随机陈列架所配置的位置应与整齐陈列一致，而不能像随机陈列架有时也要配置在中央陈列架的过道内或其他地方，如图 6－10 所示。

图 6－10　兼用随机陈列法

（5）盘式陈列法

这是将装商品的纸箱底部作盘状切开后留下来，然后以盘为单位堆积上去的方法，也叫割箱陈列法，这样不仅可以加快商品陈列的速度，而且在一定程度上提示顾客整箱购买。有些盘式陈列，只在上面一层作盘式陈列，下面的则不打开包装箱而整箱地陈列上去，如图 6－11、6－12 所示，盘式陈列架的位置可与整齐陈列架一致，也可陈列在进出口处。这种方法适合于陈列饮料、啤酒等商品。

图 6－11　盘式陈列法

图 6－12　盘式陈列法

（6）比较陈列法

将相同商品按不同规格和数量予以分类，然后陈列在一起，利用不同规格包装的商品之间的价格上的差异来刺激他们的购买欲望，促使其因廉价而做出购买决策。一般而言，比较性陈列都必须经过价格、包装、人数的良好规划，才能达到最大效果。

小资料：

一罐易拉罐咖啡卖 20 元，而 6 罐包一起只卖 100 元，我们把单包装和 6 罐装的咖啡陈列在一起，就可以比较出 6 罐装的咖啡比较便宜，从而刺激顾客购买。但要注意我们营销的目的在于卖 6 罐装的咖啡，所以陈列量上，6 罐装的咖啡数量要比较多，而单罐装的咖啡数量应比较少。再如，把同一品牌的奶精 500 克装和 600 克装陈列在一起，并将 500 克装的奶精的价格定得很接近 600 克装的奶精，那么就可以衬托出 600 克装的便宜，从而刺激顾客购买，达到销售目的。

(7) 端头陈列法

所谓端头是指双面的中央陈列架的两头,是顾客通过流量最大、往返频率最高的地方,顾客可以从三个方向看见陈列在这一位置的商品。如图 6－13、6－14 所示。端头一般用来陈列要推荐给顾客的新商品、特价品、知名品牌商品及利润高的商品。端头陈列的商品如果是组合商品,则比单件商品更有吸引力。因此,端头陈列应以组合式、关联性强的商品为主。

图 6－13 端头陈列法

图 6－14 端头陈列法

(8) 岛式陈列法

岛式陈列法这是指在超市的进口处、中部或底部不设置中央陈列架,而配置特殊用的展台陈列商品。岛式陈列的商品可以从四个方向看到,其效果较好。岛式陈列用具一般有冰柜、平台、大型的网状货筐和屋顶架等,如图 6－15、6－16 所示。这种方法适合于陈列色彩鲜艳、包装精美的特价品、新产品或蔬菜及冷冻食品等。

图 6－15 岛式陈列法

图 6－16 岛式陈列法

(9) 定位陈列

定位陈列是指指商品经过配置后,所陈列的位置及陈列排面相对固定,形成日常性陈列状态。对于一些顾客购买频率高、购买量大且知名度高的名牌商品,多给予这种定位陈列,这些商品一经确定位置陈列后,一般不再作变动。

(10) 突出陈列法

突出陈列法是指在中央陈列架的前面,将商品突出陈列的方法。这种方法是为了打破单调感,吸引顾客进入中央陈列架里。如在此面上作一个突出的台,并在其上面堆积商品,或将中央陈列架下层的隔板做成一个突出的板,然后将商品堆积在此板上,如图 6-17 所示。突出陈列不能影响购物路线的畅通,一般适用于陈列新产品、推销商品及廉价商品。

图 6-17 突出陈列法

(11) 悬挂式陈列法

这是将无立体感扁平或细长形的商品悬挂在固定的或可以转动的装有挂钩的陈列架上的方法。它能使这些本无立体感的商品产生良好的立体感效果,使商品生动形象,从而引起消费者的注意,并能增添其他特殊陈列方法所带来的变化,如图 6-18 所示。这种方法适合于陈列有孔型包装的糖果、剃须刀、铅笔、儿童玩具及小五金工具等。

图 6-18 悬挂式陈列法

(12) 关联陈列法

关联陈列指将不同种类但相互补充的商品陈列在一起。运用商品之间的互补性,可以使顾客在购买某商品后,也顺便购买旁边的商品。它可以使得专卖店的整体陈列多样化,也增加了顾客购买商品的概率。它的运用原则是商品必须互补,要打破商品种类间的区别,表现消费者生活实际需求,如图 6-19 所示。需要注意的是采用关联陈列的方法,一定要考虑顾客在店铺中的行走方向,最好将关联商品陈列在通道的两侧,或陈列在同一通道、同一方向、同一侧的不同货架上。

图 6-19 关联陈列法

(13) 窄缝陈列法

在中央陈列架上撤去几层隔板,只留下底部的隔板形成一个窄长的空间进行特殊陈列,这种陈列就叫窄缝陈列。窄缝陈列的商品只能是 1 个或 2 个单品项商品,它所要表现的是商品的量感,陈列量是平常的 4 位到 5 位。窄缝陈列能打破中央陈列架定位陈列的单调感,以吸引顾客的注意力。窄缝陈列的商品最好是要介绍给顾客的新商品或利润高的商品,这样就能起到较好的促销效果。窄缝陈列可使卖场的陈列活性化,但不宜在整个卖场出现太多的窄缝陈列,推荐给顾客的新商品和高利润商品太多,反而会影响该类商品的销售。

小资料:

能够向顾客述说商品魅力的光线使用秘诀

为了让陈列的商品充满魅力,首先必须把商品打扮漂亮,为此最重要的是照明。

无论什么商品最能展示商品自然品质的是太阳光线,所以店内的人工照明应尽量具有自然光性质,这是用光的基本原则。

从这一点来看,荧光灯属于日光系,寒色调较强,这种扩散光照射物体后不会投影,是典型的平面光,所以照射商品后不会产生光泽和光辉。由于色彩被青绿光覆盖,所以照到暖色调的商品上商品发暗看上去有退色的感觉,顾客的肌肤颜色也会呈现苍白色,给人一种不健康颜色的感觉。

东京塔除夏季外，其他时候总是利用暖色调的橘黄色灯光点缀，因为这种灯饰给人温暖美丽的感觉，而且住宅也经常使用暖色调的多少能够让人心情松弛下来的白炽灯。因此，为了使商品富有魅力，需要使用可以放射出暖色调的光线的白炽灯对光照进行补充。

专业上一般使用色温(单位为开尔文，即 K)这个指标来表示光源光色。光与蜡烛火焰(1 900 K)一样的低温时发红，如气体火焰一样温度越高颜色会从蓝色变成青白色。就太阳光而言，据说晴天碧白时色温为 12 000 K，夕阳色温 1 850 K 左右，荧光灯在日光色时色温 6 500 K，自然灯泡(100 V,100 W)的白炽灯色温 2 800 K 左右。

鉴于以上分析，红色商品较多的陈列区，可以使用色温 2 500 K～3 000 K 的白炽灯；蓝色和绿色商品较多的陈列区可以使用色温 4 000 K～6 500 K 的荧光灯照射。这样根据不同商品陈列区选择合适色温的照明灯进行照射，就可以充分展现出商品的魅力。

例如，肉类食品柜台，如果红色调颜色比较强烈的话，肉质看上去新鲜美味，所以这类柜台可以使用发出暖色调光线的白炽灯(或者红外线灯)。此外，为了突出新鲜鱼肉的鲜度，使鱼眼和鱼鳞生鲜发亮，使用白炽灯也比较好，但是对于蓝色皮的鱼，照射蓝光的话更能看到鱼的新鲜度，所以有时也可以使用蓝色调的光。对于宝石和装饰品而言，为了增添色彩和光辉，有时使用氪灯进行聚光照射。

近年，开发出了称为美食灯(或化妆品灯)的新照明灯，这种灯可以放射出含有太阳直射光的温暖光线，用它照射在料理上使菜肴看起来美味诱人，照射在化妆品上使人的肌肤魅力动人。

3. 商品陈列的要领

(1) 隔物板的运用

利用隔物板可以固定商品的位置，防止商品缺货而不察，维持货架的整齐度。

(2) 标价牌的张贴

标价牌的张贴的位置应该一致，并且要防止其脱落，若有特价活动，应以 POP 或特殊标价牌标注。

(3) 遵循商品陈列规划

商品陈列应遵循由小到大，由左到右，由浅到深，由上而下的基本原则。

(4) 揭示标语

在众多商品的陈列中，如在一些商品旁适当的位置陈列各种标语，如“新产品”、“新项目”、“新惠价”、“新包装”、“新上市”、“特别物品”等，或标示品质、特色等，时常会增加很大的销量。

(5) 特殊商品采用特殊陈列工具

对需特殊陈列的商品不能一味地强调货架标准化而忽视了特殊商品特定的展示效果，要采用特殊陈列工具，这样才能充分展示特殊商品的魅力。如家居的碗盘采用专用的碗碟架陈列，衣架采用挂钩陈列，使商品得以充分展示，从而提升销售。

(6) 商品陈列位置要合理

商品应该根据卖场的推销重点和商品的本身特点陈列于不同的位置。因为不同的陈列位置与人的视线形成不同的角度，不同陈列位置的商品的销售效果有较大的差别。顾客观察和拿取商品难易的程度和商品陈列位置的高低有直接关系,顾客最容易看见的高度,正是视线的平视高度。一般以水平线下方20°点为中心,向上10°和向下20°范围内陈列的商品为易见部分。

(7) 注重销售效率

在实际操作中不能一味地强调美观而忽略了陈列的实用性,应按照销量决定排面的要求进行陈列,提高门店商品销售效率,实现销售最大化。

4. 商品陈列中的几个关键问题

(1) 站在顾客的立场

商品分类、配置和陈列一定要站在顾客立场,以吸引和方便顾客观看和购买为目的。因此,每项商品包括其包装的正面应该朝向前面,朝向顾客,以吸引顾客注意力,方便其了解商品的性能。

商品陈列要考虑店铺的整体协调性,商品摆放有规律,色彩、形状搭配协调,整体陈列既实用又美观。在陈列商品时,为了突出商品的某些属性和特性,必要时可运用一些辅助设施,如特别制作的货架、灯光造型、背景、配饰等,使顾客将注意力集中于重点展示的商品。但在运用辅助设施配合商品陈列时,千万不要喧宾夺主,让辅助设施抢了商品的风头。

(2) 创造良好的购物空间

经营者没有必要将所有的商品都陈列出来,店小的话,只需要摆一两件样品就足够了。商品陈列所要考虑的不仅仅是商品本身,还应将整个营业场所综合进行考虑,好的空间切割和功能配置是成功经营的重要组成部分。所有的店铺空间都应该为经营服务,只要是有利于提高营业额和利润的空间布置,就是有价值的布置。不要在乎是否每一寸空间上都放上了商品,那是很陈旧的理念和经营方式。

(3) 设计吸引顾客的陈列主题

在进行商品陈列时,要注意设计吸引顾客的主题,在商品陈列时借助超市的展示橱窗或卖场内的特别展示区,运用各种艺术手法、宣传手段和陈列器具,配备适当的且有效果的照明、色彩和声响,突出某一重点商品。一个店铺也可同时推出若干个主题陈列,各主题相互间并无干扰,反而可以相互促进。在突出商品陈列主题的前提下,经营者可以适当安排商品陈列形式和陈列位置,对陈列进行装饰和美化。在主题展区,应去除不相关商品、多余商品,使顾客视线集中,注意力集中。

通常门店都可以进行这样一些主题陈列:

- 流行性商品的集中陈列。
- 新上市商品的集中陈列。
- 反映店铺经营特色商品的集中陈列,如10元商品区、50元商品区等。
- 应季性商品的集中陈列。
- 应事性商品的集中陈列,如围绕迎奥运主题陈列,庆祝六一儿童节主题陈列等。
- 外形或功能具独特性的商品的集中陈列。
- 关联性商品或系列商品的集中陈列。
- 试销性商品或打折商品的集中陈列。

(4) 设计丰富而不烦琐的商品陈列

丰富的商品是一个店铺的经营优势所在，这样可以满足顾客一次性的购物需求。但如果处理不好商品丰富性与购物便利性的关系，也会影响经营效果。如有些零售店因为商品品种太丰富，顾客不能便利地找到合意的商品而有不满，在这种情况下，经营优势就变成了劣势。

（三）商品陈列规范

1. 商品陈列的基本规范

（1）商品陈列的四个要点

正面朝外勿倒置、能竖不躺上下齐、左小右大低到高、商品标价要对准。

（2）商品陈列的八条直线

仓板摆放一条线、端头高度一条线、地堆四角一条线、纸箱开口一条线、前置陈列一条线、上下垂直一条线、排列方向一条线、标牌标志一条线。

（3）邮报商品和特殊商品陈列规范

- 卖场主通道两侧的端架必须陈列端架指定商品。
- 根据每期邮报的主题设立醒目的促销区。
- 根据季节消费特点，对当令商品作好集中陈列。

（4）促销区商品陈列规范

① 端架陈列。面向主通道的端头货架，称作端架。端头陈列在遵循陈列的一般原则外，对所选商品还有以下要求：

A. 端架商品须选择销量大、购买频率高、特价与促销商品、推荐商品、季节性商品、金算盘商品。

B. 端架商品品种数需精简，一般为1～2个品种。

C. 所选商品建议规格大小相仿，以达到良好的视觉效果。

D. 厂商能出资做端架的，并符合以上条件的，可优先考虑。

② 堆垛陈列。在主通道中间或沿墙处，使用除货架、冷柜外的其他陈列道具做成的陈列，称之堆垛陈列。陈列道具有仓库笼、促销车、垫仓板、堆垛板及厂家提供的陈列用具。堆垛陈列的好差对于烘托卖场购物气氛，加强陈列效果起到了重要作用。堆垛商品的选择与要求和端头商品一样。堆垛的高度须大致统一，有气势，高度约1 m～1.3 m。堆垛形状有多种，如阶梯形、金字塔形、圆柱形、平形。所有促销车、堆垛等商品必须配置促销海报和标价签。

③ 主题陈列。主题陈列即节日主题或抓住当时有影响的事件和全国、地区性的庆典活动进行展销，根据季节、气候、气温找出能引起顾客关心的主题，收集与主题相关的商品陈列起来，使顾客对该商品的有用性加以认识，提升销售。陈列的主题应鲜明，可以大堆垛的形式展开，配以制作精美的广告宣传。

2. 大类商品陈列规范

（1）生鲜商品陈列规范

所有商品均应分类陈列且排列整齐

包装商品完好无破损

商品陈列应根据商品特有的色彩、包装搭配出和谐、自然的景观

每一个单品均有一个醒目的售价牌或价签

所有货架展示柜、风柜等均应随时保持内外清洁，要定期对设备进行清理

商品陈列不能堵在冷藏、冷冻柜的出口

① 熟食类

荤素分开

肉制品和海鲜品分开

散装与包装商品分开

展示柜的陈列顺序：西式类→中式肉类→海鲜类→整禽类→禽类→内脏→蔬菜类

西式熟食中西式火腿与肠类分开

炸柜的陈列顺序：炸蔬菜→炸鱼→炸禽。

② 水产类

活水产和死海产品分开

水鲜和咸干制品分开

河鲜和海鲜产品分开

按小分类陈列

在鱼缸内不能有死鱼和死黄鳝，黑鱼不得与其他鱼类混养。

鱼缸内水质清晰，有充足氧气

3. 蔬果

蔬菜与水果分开

进口与国产分开

绿色菜与豆制品陈列不靠近鱼部

根茎类与茄瓜类一起陈列

陈列蔬果新鲜，叶菜去黄叶，随时挑出烂水果

4. 面包

糕点与面包不能叠放

鲜奶制品应放在冷藏柜中

陈列顺序：法式类面包→吐丝类面包→料理面包→甜甜圈→丹麦类面包→非奶制品蛋糕

⑤ 肉类

肉禽与内脏类分开

肉类（猪、羊、牛）分开

腌腊与冰鲜商品分开

羊肉放在禽类边上，远离猪肉并有隔板

陈列顺序：猪肉→牛肉→禽类→羊肉→内脏

⑥ 日配品

火锅类与生食品、半成品分开，海鲜品与肉制品分开

速冻面食、微冻面食与火锅食品分开

冷饮单独陈列

风柜、奶制品、果汁类、肉制品、冷菜要分开

(2) 家用百货类

试灯区域畅通

所有台灯打开出样

套装陶瓷必须做出样陈列

陶瓷杯必须用挂钩挂出陈列

所有精品水具及套装水具、套装瓷碗等必须用带灯层板

所有本册需用纺织的内衣斜层板

笔类及吊卡式商品必须有挂钩陈列

包类必须用重型挂钩

保健器材和按摩椅必须每件商品都出样,并设展台

球类商品必须一一出样高高挂起

(3) 纺织品类

鞋类商品同一单品不同色彩,从亮色到暗色

同一单品不同尺寸,大尺寸在上面,小尺寸在下面

非季节性服饰(小尺寸在上面,大尺寸在下面,男女内衣除外)

季节性服饰的陈列顺序:女装→男装→童装

床上用品的陈列:床上单件从上至下,枕套→被套(大尺寸→小尺寸),床单→床裙→床笠

尺码的标贴、规格牌的摆放(上大下小)

季节性区域的商品应为当季促销商品成系列,货源充足

(4) 家电类

原则上按分类再按价格顺序进行,如传真机,先按用纸类型进行分类再按价格和顾客流向,从右到左进行排列;

也有按特殊方式排列的胶卷,先按品牌分柯达、富士、乐凯、再按度数排列,如100度、200度、400度、最后再依次按包装陈列;

冰箱则有几种陈列方法,如按价格、容积、品牌、高低。

3. 商品陈列的检查要点

- 商品是否做到前进陈列
- 相关联的商品是否相邻陈列
- 同一类别的商品是否集中纵向陈列
- 商品包装是否整洁、光亮,无不能上架商品
- 商品有无被挡住,无法“显而易见”
- 价格标签是否正面向着顾客
- 价格标签整洁,无模糊不清、污损现象
- 有无标价不明显的商品
- 商品上是否有灰尘或杂质
- 是否做到取商品容易,放回去也容易

- 商品群和商品部门的区分是否正确
- 商品布局是否正确、易见
- 每一层商品与上层板之间是否留有一定的空隙
- 陈列区是否还有空位置
- 补货时是否将原有的商品先移出来
- 垂直线是否明确
- 端架和垛架商品是否常换常新
- 端架和堆垛有无陈列邮报、特价商品、季节性商品或新品

（四）商品配置表的运用

1. 商品配置表的含义及功能

（1）商品配置表的含义

商品配置表的英文名称是facing，日文名称是棚割表。英文facing的意思是指对商品货架陈列排面作恰当的管理；日文棚割表中，棚是指陈列用的货架，割是指适当的分割配置，也就是商品在货架上适当配置的意思。因此，所谓的商品配置表是把商品陈列的排面在货架上作最有效的分配，以书面表格形式画出来。在当今信息时代，商品配置表可以通过计算机制作并且不断地修正和调整，从而使其不断完善。

（2）商品配置表的功能

目前我国大型综合连锁店普遍采用商品配置表对商品的陈列加以管理，而一些中小型连锁店由于商品品种数量少，对商品配置表的功能重视不够。商品配置表对于连锁店商品陈列的管理功能主要体现在以下几个方面：

① 有效控制商品品项

每一个连锁企业的卖场面积都是有限的，所能陈列的商品品项也是有限的，使用商品配置表，就能获得有效控制商品品项的效果，充分发挥卖场效率。

② 商品定位管理

卖场内的商品定位就是要确定商品在卖场中的陈列方位、在货架上的陈列位置以及所占的陈列空间。定位管理是卖场管理非常重要的工作，是为了使陈列面积（即货架容量）能得到有效利用。商品配置表是商品定位的管理工具，有了商品配置表，才能做好商品定位。如不事先画好商品配置表，无规则地进行商品陈列，就无法保证商品持续一致、有序、有效的定位陈列。

③ 商品陈列排面管理

不能有效管理商品的排面数是现阶段超市卖场一个很大的管理缺点。一般而言，超市卖场陈列的品项数往往多达万种以上，而所陈列的商品中，有些商品非常畅销，有些销售量则很少，因此，可用商品配置表来安排商品的排面数，畅销的商品给予的排面数多、占的陈列空间大，而不畅销的商品给予较少的排面数，所占的陈列空间也小，对滞销商品则不给排面，可将其淘汰出去。如此对连锁门店提高卖场的商品销售效率有相当的作用。

④ 合理安排畅销商品

在连锁企业门店中，畅销商品的销售速度很快，若没有商品配置表对畅销商品排面进

行保护管理，常常会发生这种现象：当畅销商品卖完了，又得不到及时补充时，就易导致较不畅销商品占据畅销商品的排面，逐步形成了滞销品驱逐畅销品的状况。等到顾客问起有“XX商品吗?”，可能已错失不少的商机及降低了门店的竞争力。可以说，在没有商品配置表管理的卖场，这种状况是时常会发生的，而有了商品配置表管理后，这种现象会得到有效的控制和避免。

⑤ 商品利润的控制管理

连锁企业门店销售的商品中，有高利润商品，有低利润的商品，我们总是希望把利润高的商品配置在好的陈列位置，销售多一点，整体利益也随之提高；把利润低的商品配置在差一点的位置，来控制销售结构。这就要靠商品配置表来给予各种商品妥当的配置，以求得整个门店有一个高利润的表现。

⑥ 连锁经营标准化管理的工具

连锁企业有众多的门店，达到各门店的商品陈列基本一致，促进连锁经营工作的高效化是连锁企业标准化管理的重要内容，如果能有标准化的商品配置表来运作，整个连锁体系内的商品营运管理会比较容易，对于季节变动修改及新产品的陈列，滞销品的删除等工作，执行起来效率也高。

2. 商品配置表制作程序

(1) 消费者调查

新店在决定设立与否时，需进行商圈调查；如果商圈调查完成，决定要设立新店，紧接着就是消费者调查；消费者调查的内容包括：商圈内的收入、职业、家庭结构、购物习惯，希望我们的店能提供何种类商品及服务，根据这些调查所得的资料，商品人员做更深入的分析，了解商圈内对商品潜在需求，并了解竞争态势，构思要卖些什么商品。

(2) 部门构成

了解到商圈内消费者对商品的需求后，商品部门要提案这个店要经营哪几大类(部门)的商品。比如：是否要设立玩具部门、餐饮部门或鲜花部门，把适合商圈内贩卖的大类做几种形态的组合，提供给领导层决策。

(3) 部门配置

决策单位决定要经营何种大类后，商品人员会同营业部、开发部共同讨论决定部门的配置，每一个部门所占的面积尺数，都要有一个最妥善的安排及配置。

(4) 中分类配置

部门配置完成后，采购人员要根据部门配置图将部门中的每一中分类安排到中分类配置表里，并由采购(商品)经理做确认及决定。

(5) 品项资料收集

采购人员要详细收集每一中分类内可能贩卖品项的资料，包括商品的价格、规格、尺寸、成分、包材等，这些资料尽可能有系统齐全的收集，最好能一类一类的建立在电脑档案内，便于比较分析及随时可调阅。

(6) 品项挑选及决定

品项资料收集齐全后，将所有中分类里的商品价格、包装规格及设计依商品的品质及用途分别做一个详细的比较，将最符合商圈顾客需要及能衬托出公司优势的商品，依其优先顺序挑选出来，依次排列，筛选出我们需要的品项，列印出商品台账。

（7）商品构成的决定

一经商品品项挑选决定后，把商品的陈列面依研判的畅销度做一个适当的安排，并把这些商品与附近竞争店的商品结构做一个比较，是否我们的商品品项数、陈列面、优势商品、价格比主要竞争对手来得强势，否则就应再调整到最佳的情况。

（8）品项配置规划

这一步骤是把正决定的品项及排面数实际配置到货架上，这也是最耗时的一个步骤，伤透采购人员的脑筋，什么商品要配置到上段或黄金线，什么商品要配置到中段或下段，这些都要应用到陈列的原则及经营理念，以及供应商的合作情况，同时也需考虑到竞争对手的情况、自身的采购能力与配送调度的能力，才能把配置的工作做好。比如有的连锁超市设有配送中心，其采购的条件优越，商品的调度能力也强，在配置时就优先考虑配置这些商品；有的连锁商店发展自己的品牌及自行进口商品，在配置时这些商品皆会被优先的安排到好的位置，因此，商品配置具有很强的灵活性。

（9）执行的实际工作

配置规划完成后，即可得出商品配置表，根据这张表订货、陈列，然后把价格卡（price card）贴好，就大功告成了，同时，最好能把实际陈列的结果照相或录影起来，以作修改辨认的依据。表 6－2 所示是一个连锁超级市场商品配置表的实例设计，其货架的标准是：高 180 cm，长 90 cm，宽 45 cm，五层陈列面，供参考。

表 6－2　商品配置表

商品分类：NO.　　洗衣粉（1）

货架 NO. 12　　制作人：××

<table>
<tr><td>180
170
160</td><td>白猫无泡洗衣粉
1000 g
4F 12001 12.2</td><td colspan="2">奥妙浓缩洗衣粉
750 g
4F 12005 12.5</td><td>奥妙浓缩洗衣粉
500 g
4F 12006 8.5</td></tr>
<tr><td>150
140
130
120</td><td colspan="2">白猫无泡洗衣粉
500 g
4F 12002 6.5</td><td colspan="2">奥妙超浓缩洗衣粉
500 g
3F 12007 12.5</td></tr>
<tr><td>110
100
90
80</td><td colspan="2">白猫洗衣粉
450 g
4F 12003 2.5</td><td colspan="2">奥妙手洗洗衣粉
180 g
6F 12008 2.5</td></tr>
<tr><td>70
60
50
40</td><td colspan="2">佳美两用洗衣粉
450 g
4F 12004 2.5</td><td colspan="2">碧浪洗衣粉
200 g
6F 12009 2.8</td></tr>
</table>

续表

30 20 10	地毯去污粉 500 g 4F 12011 12.8	汰渍洗衣粉 450 g 4F 12010 4.9

商品代码	品名	规格	售价	单位	位置	排面	最小库存	最大库存	供应商
12001		1000	12.2	桶	E1	4	3	8	沪合成厂
12002		500	6.5	袋	D1	4	15	30	沪合成厂
12003		450	2.5	袋	C1	4	20	32	沪合成厂
12004		450	2.5	袋	B1	4	32	50	沪合成厂
12005		750	12.5	盒	E2	4	12	40	沪利化厂
12006		500	8.5	盒	E3	4	8	20	沪利化厂
12007		500	12.5	袋	D2	3	15	45	沪利化厂
12008		180	2.5	袋	C2	6	25	90	沪利化厂
12009		200	2.8	袋	B2	6	35	90	广州宝洁厂
12010		450	4.9	袋	A2	4	4	40	北京熊猫厂
12011		500	12.8	袋	A1	4	12	42	沪华星厂

注：1. 货架位置最下层为A，二层为B，三层为C，四层为D，最高层为E。每一层从左到右，为A1、A2、A3、…，B1、B2、B3、…，C1、C2、C3、…，D1、D2、D3、…，E1、E2、E3、…。

2. 排面是每个商品在货架上面向顾客陈列的第一排的数量，一个为1F，两个为2F，依次类推。

3. 最小库存以一日的销售量为安全存量。

4. 最大库存是货架放满的陈列量。

3. 旧店的配置变更或修正程序

一家店开业以后，并非商品配置好就永不变更了，而是要根据经营的状况加以修改变更，而这种变更的工作最好是按固定时间来变动，不能毫无规律的随意变动，那样商品配置很容易出现凌乱不易控制的情形。例如：一个月修正一次配置表或一季变动一次，一年大变动一次，都是较为妥当的做法。修正商品配置表的程序如下：

(1) POS销售资料检视

有POS设备的超市，一定要按月检视商品的销售状况，看看哪些商品畅销，哪些商品滞销，列印出这些商品，并检讨畅销及滞销的原因。假如超市仍未设置POS系统，则可从进货量中去检视那些商品特别畅销及滞销，当然从进货量中去判断时，要稍加检查库存的情形才能判断出畅销及滞销。

(2) 确定滞销品及进行淘汰

商品滞销的原因有很多，可能是产品本身不好，或厂商的行销方法不佳，也可能是季节性的因素，更可能是商店的陈列或定价等因素造成，所以滞销原因追查出来后，要判断是否可能改善，若无法改善且已连续几个月都出现滞销，就要断然采取剔除的工作，以便能引进些较有效率的商品。

(3) 调整畅销品的陈列面及进行新品项的导入

对于特别畅销商品应检讨其陈列面积是否恰当，同时对于因被删除品项而多出的空间，进行新商品的导入以更替滞销品。

(4) 实际进行调整工作

修改配置的最后一个步骤当然是实际的调整工作，牵一发则动全身，修改一品项有时可能会动到整个货架陈列的修改，但为了维持好的商品结构，即使繁琐，也必须要做。有些店经营时间较长，商圈入口、交通状况、竞争情形都出现了变化，这时必需大幅度地修改商品配置，甚至连部门配置都要变，这种情况，则应参照新开店的方式制作商品配置表。

四、课后练习题

（一）简答题

1. 商品陈列应遵循哪些基本原则？
2. 连锁企业如何制作新开店商品配置表？
3. 商品陈列应注意的几个关键问题是什么？
4. 商品陈列工具使用的技巧有哪些？
5. 商品陈列的方法有哪些？不同的方法适合陈列哪些商品？
6. 旧店如何进行商品陈列配置调整？

（二）案例题

某大型连锁超市筹备在某地开设一家连锁分店，门店经营面积预计在6 000平方左右，全店经营商品总数预计约有2万种单品。现已规划好烟酒饮料课保藏品一类陈列4节货架，总单品数250个。其中一节货架为粥样饮品类商品的陈列位置，该节货架规格为长1.2 m×高1.4 m。现提供37个待选商品，请确定其中26个单品并制作该节货架的商品陈列配置表。待选商品明细见表6－3。

表 6-3　八宝粥商品资料

序号	小类编码	小类名称	商品条码	商品名称	品牌	商品规格	零售价	销售数量	毛利率（%）	销售构成比	商品贡献度（%）	商品状态	尺　寸
1	12310101	粥样饮品	6926892567084	银鹭好粥道薏仁红豆粥 280 g	银鹭	280 g	4.20	2808	16.67	8.19%	1.3645	正常	直径 7 cm 高 10.5 cm
35	12310101	粥样饮品	6911988011985	达利园桂圆莲子八宝粥 360 g	达利园	360 g	3.30	1873	21.21	5.46%	1.1581	正常	直径 7 cm 高 12.5 cm
30	12310101	粥样饮品	6905999500019	摩莎八宝粥 360 g	摩莎	360 g	3.80	2467	15.79	7.19%	1.1356	正常	直径 7 cm 高 12.5 cm
2	12310101	粥样饮品	6926892521086	银鹭桂圆莲子八宝 360 g	银鹭	360 g	3.60	2699	13.89	7.87%	1.0928	正常	直径 7 cm 高 12.5 cm
3	12310101	粥样饮品	6926892566087	银鹭好粥道黑米粥 280 g	银鹭	280 g	4.20	2218	16.67	6.47%	1.0778	正常	直径 7 cm 高 10.5 cm
4	12310101	粥样饮品	6926892529082	银鹭桂圆椰果八宝粥 360 g	银鹭	360 g	3.60	2184	13.89	6.37%	0.8843	正常	直径 7 cm 高 12.5 cm
20	12310101	粥样饮品	6921567068842	泰山莲子八宝粥 360 g	泰山	360 g	3.60	1118	26.39	3.26%	0.8601	正常	直径 7 cm 高 12.5 cm
5	12310101	粥样饮品	6926892568081	银鹭好粥道椰奶燕麦粥 280 g	银鹭	280 g	4.20	1323	16.67	3.86%	0.6429	新品	直径 7 cm 高 10.5 cm
21	12310101	粥样饮品	6921567016188	泰山红枣八宝粥 370 g	泰山	370 g	3.60	862	25.00	2.51%	0.6282	正常	直径 7 cm 高 12.5 cm
6	12310101	粥样饮品	6926892527088	银鹭桂圆八宝粥 360 g	银鹭	360 g	3.60	1524	13.89	4.44%	0.6171	正常	直径 7 cm 高 12.5 cm
31	12310101	粥样饮品	6905999500088	摩莎黑米八宝粥 360 g	摩莎	360 g	3.80	1300	15.79	3.79%	0.5984	正常	直径 7 cm 高 12.5 cm
15	12310101	粥样饮品	6923523902788	喜多多果蔬纤 V 粥 370 g	喜多多	370 g	3.80	1415	12.63	4.12%	0.5210	新品	直径 7 cm 高 12.5 cm
7	12310101	粥样饮品	6926892520089	银鹭绿豆汤 370 g	银鹭	370 g	3.00	1450	11.67	4.23%	0.4933	正常	直径 7 cm 高 12.5 cm
8	12310101	粥样饮品	6926892565080	银鹭好粥道莲子玉米粥 280 g	银鹭	280 g	4.20	929	16.67	2.71%	0.4514	正常	直径 7 cm 高 10.5 cm
26	12310101	粥样饮品	6905714983912	台福桂圆莲子八宝粥 365 g	台福	365 g	3.00	1054	13.33	3.07%	0.4096	新品	直径 7 cm 高 12.5 cm
32	12310101	粥样饮品	6905999602850	摩莎八宝粥特惠装 360 g * 12	摩莎	360 g * 12	40.50	816	14.81	2.38%	0.3523	正常	长 30 cm 高 23 cm 宽 14.5 cm
27	12310101	粥样饮品	6905714966632	台福黑米粥 365 g	台福	365 g	3.50	640	18.57	1.87%	0.3465	正常	直径 7 cm 高 12.5 cm
36	12310101	粥样饮品	6911988011995	达利园低糖桂圆八宝粥 360 g	达利园	360 g	3.50	720	16.00	2.10%	0.3358	正常	直径 7 cm 高 12.5 cm
33	12310101	粥样饮品	6905999500101	摩莎金牌八宝粥 360 g	摩莎	360 g	4.50	488	22.22	1.42%	0.3161	正常	直径 7 cm 高 12.5 cm
37	12310101	粥样饮品	6942659501210	达利园红枣桂圆八宝粥 360 g * 12	达利园	360 g * 12	38.80	656	14.20	1.91%	0.2715	正常	长 30 cm 高 23 cm 宽 14.5 cm

续表

序号	小类编码	小类名称	商品条码	商品名称	品牌	商品规格	零售价	销售数量	毛利率(%)	销售构成比	商品贡献度(%)	商品状态	尺寸
9	12310101	粥样饮品	6926892565189	银鹭好粥道莲子玉米粥 280 g * 12	银鹭	280 g * 12	47.80	664	12.55	1.94%	0.2429	正常	长 30 cm 高 23 cm 宽 12.5 cm
10	12310101	粥样饮品	6926892527484	银鹭桂圆八宝粥 360 g * 12	银鹭	360 g * 12	42.00	642	11.43	1.87%	0.2139	正常	长 28 cm 高 21 cm
22	12310101	粥样饮品	6921567081698	泰山桂圆八宝粥 360 g	泰山	360 g	3.80	445	15.79	1.30%	0.2048	正常	直径 7 cm 高 12.5 cm
23	12310101	粥样饮品	6921567005298	泰山燕麦八宝粥 370 g	泰山	370 g	3.60	281	25.00		0.2048	正常	直径 7 cm 高 12.5 cm
16	12310101	粥样饮品	6905999500095	喜多多绿豆汤 370 g	喜多多	370 g	3.80	356	15.79	1.04%	0.1639	正常	直径 7 cm 高 12.5 cm
34	12310101	粥样饮品	6905999500125	摩莎黑糖八宝粥 360 g	摩莎	360 g	4.50	376	13.33	1.10%	0.1461	正常	直径 7 cm 高 12.5 cm
24	12310101	粥样饮品	6921567010063	泰山紫米红豆八宝粥 280 g	泰山	280 g	3.80	322	14.47	0.94%	0.1358	新品	直径 7 cm 高 10.5 cm
11	12310101	粥样饮品	6926892501033	银鹭好粥道紫薯紫米粥 280 g	银鹭	280 g	4.00	365	12.50	1.06%	0.1330	正常	直径 7 cm 高 10.5 cm
25	12310101	粥样饮品	6921567010018	泰山黑八宝粥 280 g	泰山	280 g	3.80	293	14.47		0.1236	正常	直径 7 cm 高 10.5 cm
17	12310101	粥样饮品	6923523902924	喜多多芦荟纤 V 粥罐头 370 g	喜多多	370 g	3.80	310	12.63	0.90%	0.1141	新品	直径 7 cm 高 12.5 cm
18	12310101	粥样饮品	6923523902900	喜多多马蹄纤 V 粥 370 g	喜多多	370 g	3.80	173	18.42	0.50%	0.0929	正常	直径 7 cm 高 12.5 cm
28	12310101	粥样饮品	6905714966250	台福香米粥 365 g	台福	365 g	3.50	218	14.29	0.64%	0.0908	新品	直径 7 cm 高 12.5 cm
12	12310101	粥样饮品	6926892521864	银鹭好粥道紫薯紫米粥 280 g * 12	银鹭	280 g * 12	47.80	192	13.88	0.56%	0.0777	正常	长 30 cm 高 23 cm 宽 14.5 cm
29	12310101	粥样饮品	6905714979229	台福八宝粥 320 g	台福	320 g	2.50	315	8.05	0.92%	0.0739	正常	直径 7 cm 高 11.5 cm
19	12310101	粥样饮品	6902083880781	娃哈哈桂圆莲子八宝粥 360 g	娃哈哈	360 g	3.80	471	5.26	1.37%	0.0722	正常	直径 7 cm 高 12.5 cm
13	12310101	粥样饮品	6926892566186	银鹭好粥道黑米粥 280 g * 12	银鹭	280 g * 12	47.80	196	12.55	0.57%	0.0717	正常	长 28 cm 高 21 cm 宽 14.5 cm
14	12310101	粥样饮品	6926892567183	银鹭好粥道薏仁红豆粥 280 g * 12	银鹭	280 g * 12	47.80	141	12.55	0.41%	0.0516	正常	长 28 cm 高 21 cm 宽 12.5 cm

单元七：服装陈列设计

一、学习目标

（一）能力目标

1. 能够区分不同的陈列展示类型；
2. 能够区分 VP、PP、IP；
3. 能够对品牌整体陈列提出建议；
4. 能够从换季的角度进行陈列点评。

（二）知识目标

1. 熟悉 VMD 的概念；
2. 熟悉 VP、PP、IP；
3. 熟悉 MD、SD、MP。

二、任务导入

参观万达购物广场，考察不同品牌的整体陈列设计，对 VMD 尤其是 VP、PP、IP 产生直观认识，并选取 3～4 个品牌专柜橱窗展示进行评价并提出建设性意见。

教师可以选择当地的某家百货商场或专卖店作为此次任务的载体，请学生以小组的形式对不同品牌和专卖店的橱窗展示提出合理化建议。

三、相关知识

现代商业空间中的服装店、独立服装店面、品牌服装专营店在某种意义上说展示和出售的不仅仅是服装商品，还包括购物者体验到的购物空间氛围和店面空间给人们带来的文化理念和品味，这就需要经营者在店面设计装修以及陈列设计上精心策划，下一番工夫，努力达到最佳的空间展示效果。

（1）服装陈列基本形式

服装陈列的基本形式是组成卖场规划的重要元素。卖场的陈列方式根据品牌定位和风格的不同，陈列方式也各有不同。但常规的主要有以下几种陈列形式：人模陈列、正挂陈列、侧挂陈列、叠装陈列等四种陈列方式。

1. 人模陈列

人模陈列就是把服装陈列在模特人台上，也称为人模出样。它的优点是将服装用更接近人体穿着状态进行展示，将服装的细节充分地展示出来。人模出样一般都放在店铺的橱窗里或店堂里的显眼位置上，通常情况下用人模出样的服装，其单款的销售额都要比其他形式出样的服装销售额要高。因此店堂里用人模上出样的服装，往往是本季重点推荐或能体现品牌风格的服装。

人模出样也有其缺点，一是占用的面积较大，其次是服装的穿脱很不方便，遇到有顾客看上模特身上的服装，而店堂货架上又没有这个款式的服装时，营业员从模特身上取衣服就很不方便。

使用人模陈列要注意一个问题，就是要恰当地控制卖场中人模陈列的比例。人模如同舞台中的主角和主要演员，一场戏中主角和主要演员只可能是一小部分，如果数量太多，就没有主次。如果服装的主推款确实比较多，可以采用在人模上轮流出样的方式(如图 7 - 1 所示)。

图 7 - 1　某品牌人模陈列

2. 侧挂陈列

侧挂陈列就是将服装呈侧向挂在货架横竿上的一种陈列形式。

侧挂陈列的特点是：

A. 服装的形状保形性较好。由于侧挂陈列服装是用衣架自然挂放的，因此，这种陈列方式非常适合一些对服装平整性要求较高的高档服装，如西装、女装等。而对一些从工厂到商店就采用立体挂装的服装，由于服装在工厂就已整烫好，商品到店铺后可以直接上柜，可以节省劳动力。

B. 侧挂陈列在几种陈列方式中，具有轻松的类比的功能，便于顾客的随意挑选。消费者在货架中可以非常轻松地同时取出几件服装进行比较，因此非常适合一些款式较多的服装品牌。

侧挂陈列取放非常方便，在许多品牌店里供顾客试穿的样衣一般也都采用侧挂的陈列方式。

C. 侧挂陈列服装的排列密度较大，对卖场面积的利用率也比较高。

由于侧挂陈列这些优点，因此侧挂陈列成为陈列中最主要的陈列方式之一，也是女装陈列中应用最广的陈列方式(如图 7－2 所示)。

侧挂陈列的缺点是不能直接展示服装，只有当顾客从货架中取出衣服后，才能看清服装的整个面貌。因此采用侧挂陈列时一般要和人模出样和正挂陈列结合，同时导购员也要做好顾客的引导工作。

图 7－2 某品牌侧挂陈列

3. 正挂陈列

正挂陈列就是将服装以正面展示的一种陈列形式(如图 7－3 所示)。

正挂陈列的特点是：

A. 可以进行上下装搭配式展示，以强调商品的风格和设计卖点，吸引顾客购买。

图 7－3 某品牌正挂陈列

B. 弥补侧挂陈列不能充分展示服装以及人模出样数受场地限制的缺点，并兼顾了人模陈列和侧挂陈列的一些优点，是目前服装店铺重要的陈列方式。

C. 正挂陈列既具有人模陈列的一些特点，并且有些正挂陈列货架的挂钩上还可以同时挂上几件服装，不仅起到展示的作用，也具有储货的作用。另外正挂陈列在顾客需要试穿服装时取放也比较方便。

4. 叠装陈列

叠装陈列就是将服装折叠成统一形状再叠放在一起的陈列形式(如图 7－4 所示)。

整齐划一的叠装不仅可以充分利用卖场的空间，而且还使陈列整体看上去具有丰富性和立体感，形成视觉冲击，同时为挂装陈列作一个间隔，增加视觉趣味。

叠装陈列形式常用于休闲装中，主要是因为休闲装的陈列形式追求一种量感，特别是一些大众化的品牌，销售量比较大，需要有一定的货品储备，同时也追求店堂面积的最大化利用，给人一种量贩的感觉。其次休闲装的服装面料也比较适合叠装的陈列方式。当然其他服装品类，也有采用叠装的，但其陈列方式和目标会有些差别。

叠装陈列整理比较费时，因此，一般同一款叠装都需要有挂装的形式出样，来满足顾客的试样需求。

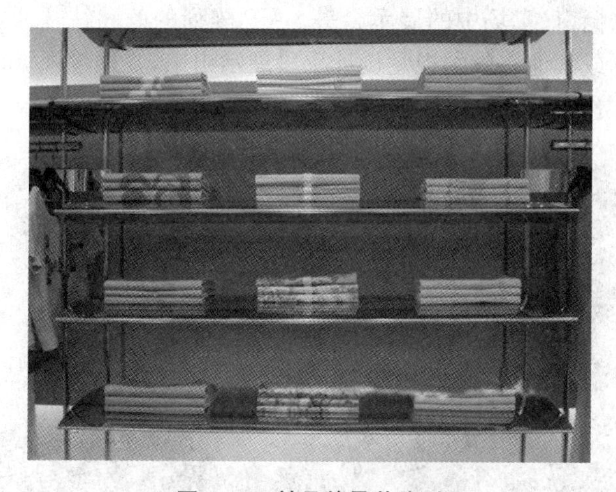

图 7－4　某品牌叠装陈列

各种陈列方式都有其优点和缺点，每个品牌都必须根据自己品牌的特色，选择适合自己的陈列方式(如表 7－1 所示)。

表 7－1　四种陈列方式比较

各种陈列方式比较：★好　　　☆差

陈列方式	展示效果	卖场利用率	取放和整理便捷性
人模陈列	★★★★★	★☆☆☆☆	★☆☆☆☆
正挂陈列	★★★★☆	★★☆☆☆	★★★☆☆
侧挂陈列	★★☆☆☆	★★★★☆	★★★★★
叠装陈列	★★★☆☆	★★★★	★★★☆☆

（二）服装陈列整体设计

目前在该领域最为活跃的一个词是VMD，VMD是一个外来语，是英文Visual Merchandising的缩写，我们一般把它叫做“视觉营销”或者“商品计划视觉化”。VMD的概念产生于二十世纪七、八十年代的美国，是作为零售销售战略的一环登上历史舞台的。VMD不仅仅涉及陈列、装饰、展示和销售的卖场问题，还涉及企业理念以及经营体系等重要“战略”，需要跨部门的专业知识和技能，并不是通常意义上我们狭义理解的“展示、陈列”，而实际它应该是广义上“包含环境以及商品的店铺整体表现”。

视觉营销是将MD(Merchandising 商品\商品企划)、SD (Store Design 卖场设计与布局)、MP(Merchandise Presentation 陈列技法)有机结合而营造的一种店铺氛围，完美地展示给目标群体的一种视觉表现手法。这种氛围明确的传达出品牌风格与定位，同时迎合目标消费者的心理需求与消费需求，达到品牌宣传与商品销售目的一种过程。MP(陈列技法)中主要包含三个内容：VP、PP、IP。

1. VP (Visual presentation)——视觉演示陈列

它是卖场中最吸引顾客视线的内容，其所陈列的区域也被称为视觉演示区域。它主要出现在卖场外观、橱窗、卖场中的展示台等。VP陈列的商品往往通过模特、POP或其他方式，以情景演示或其他有效的视觉设计手段展示出来，并透过视觉将品牌或商品的特点与价值传递给消费者，从而激发顾客产生兴趣或购买的欲望。

图7-5　ARMANI COLLEIONI 橱窗演示

如图7-5所示，ARMANI COLLEIONI的橱窗通过模特和展台组合商品演示，让经过店铺门口的顾客通过视觉立刻发现ARMANI COLLEIONI男装穿在身上的样子，VP的作用也在于此，它犹如卖场中吸引顾客的舞台，也是品牌或卖场向顾客表演的舞台之一。

如图 7－6 所示,橱窗是 VP 最经常出现的区域,但不是唯一出现的区域。橱窗的功能除了演示商品信息外,还可以推广品牌的其他信息,因此橱窗不等于 VP。如图 7－7 所示,橱窗只是品牌或卖场采用视觉演示陈列最重要的区域,它一般通过商品情景演示或其他视觉手段设计吸引顾客的注意。

图 7－6　某女装品牌卖场的 VP 区域

VP 经常通过演示和顾客生活方式、生活理想、愿望等一致的情景,在无形中影响顾客的购物欲望;VP 中演示的商品在卖场里务必要齐色、齐码,否则很可能影响销售。

图 7－7　卖场橱窗圣诞场景

图 7-8 休闲装卖场内的商品演示区域

如图 7-8 所示，视觉演示陈列（VP）的一个最大特点是使用各类商品进行组合，并结合各种道具、模特进行设置，使所陈列的区域成为一个小型的舞台。所以 VP 不仅是橱窗，在合适的卖场，优秀的视觉陈列设计师会在适当的区域设置不同的 VP，以吸引顾客并使顾客产品购物的欲望。

2. PP（Point of Presentation）——销售点陈列

销售要点陈列通俗的理解可以称为重要陈列或对销售起到重要作用的商品陈列，从商品策略的角度讲，也可以理解为重点推广的商品陈列，其所陈列的区域也可以称为卖场要点展示区域。PP 与 VP 最大的区别就在于 PP 主要用于展示商品本身，并引导顾客购买，而 VP 则是演示商品，吸引顾客欲望。可以说 VP 是品牌或卖场的“广告”，而 PP 则是卖场的“导购员”。

图 7-9 体育用品 NIKE 的卖场

PP经常与IP一起展示，既引导顾客购买又便于顾客的拿取。PP的表现形式一般是模特、POP、正挂或其他陈列技巧的直接展示，在服装墙上的位置则主要表现在黄金陈列区。PP对卖场陈列师的陈列技巧要求比较高，它所呈现的内容也是体现视觉陈列师陈列技巧高低的一种能力。

如图7－9所示，图中穿着搭配好的模特很好地引导顾客购物，以此同时，侧挂上的商品可以方便顾客直接拿到模特上的同种商品。陈列设计师要学会在卖场中的适当位置设置PP，以引导顾客购买。

全身模特常常可以用于推广重点商品，同时也可以在其他道具的组合下演示商品。

图7－10　UNIQLO的量贩式卖场

如图7－10所示，在这个以裤装为主的陈列区，陈列师在每一组道具上摆放模特，直接将每组道具上的商品展示出来，而后面的高墙则通过POP和裤装模特来设置PP，在整个卖场通道中，不管顾客在哪个位置，基本都能看到卖场的无声“导购员”——PP。

图7－11　SELECTED卖场

如图 7－11 所示，卖场中可以在不同的区域和道具上设置不同的方式的 PP，PP 就像是卖场的磁石，它能让顾客感觉“原来这件衣服穿在身上是这样子的”或者“其实我也可以这样穿”，那么顾客购买的可能性就大大加强了。这也是视觉陈列设计时进行卖场陈列设计时必须掌握的能力。

图 7－12 某男装卖场一角

如图 7－12 所示，模特的姿势达到了和真人一样的效果，将商品直接穿在人体上的效果直接展示出来。这个区域的陈列不仅起到了 VP(商品演示)的功能，也起到了 PP(重点展示)的功能。这要求陈列设计师在陈列时，不仅需要专业的技能，更需要考虑商业功能与价值。

3. IP(Item Presentation)单品陈列

单品陈列是卖场里主要的销售商品的储存空间，卖场中至少 80％以上数量的货品陈列在这个区域。IP 常以量贩式侧挂、叠装等陈列形式表现出来。

图 7－13 某卖场男装陈列区

如图 7－13 所示，这个区域没有正挂或模特等正面的展示方式，它的容量较高，但其陈列的位置又在黄金区域内，因此运用这种方法的目的还是为了方便顾客的挑选与搭配。

图 7－14 PP 与 IP 的结合

如图 7－14 所示，在卖场商品陈列中，将 PP 中的模特展示的商品用 IP 的形式陈列在其周边，当顾客接近时，先看到 PP 展示的重点商品，同时可以在 IP 区域里(叠装)拿取相应的商品。

图 7－15 某休闲装的卖场

如图 7－15 所示，下面侧挂储存了 80％以上的货品，IP 常常分布在道具的下方，它也是顾客最后直接接触商品并最终购买销售的区域。而上面的两个模特则是 PP 区域，它们起到了展示重点商品的作用。

从以上内容可以看出 VP 是卖场中展示效果最好的，其次是 PP，最后是 IP；但在不同的品牌中 VP、PP、IP 所占的比例各不相同，主要根据品牌类别及定位的不同而各有不同，例如休闲类服装通常 PP 在店铺中占比例比较大，量贩式都属于 PP 展示比较大的陈列模式；而中高档女装通常 IP 中侧挂占比较大。国内的例外、江南布衣都属于 IP 展示比较大的陈列模式；但 VP 展示现在越来越得到品牌的重视，很多品牌在原有卖场内的 PP 和 IP 展示的基础上加入更多的 VP 展示，例如韩国品牌 E. LAND 依恋及其下品牌都是属于 VP 展示较多的陈列模式。其实 VMD 的统筹就是品牌形象定位的统筹，而陈列模式的定位就是形象定位中的一环，不同风格、不同的类别的产品陈列的模式各有不同，如何让产品在卖场得到最好的表现同时又有与众不同的风格是品牌需要研究的课题。

3. 服装陈列的变化技巧

时尚服装服饰消费品零售业虽然以潮流变化为导向，但是更清晰的“日程表”却是春夏秋冬的季节更替。服装店铺上货换季时期的商品陈列要发挥的关键功能是：如何迅速有效地传递产品换季的商业信息。商品换季时，店铺陈列的任务主要是向顾客主动传播以下三方面的信息：

- 消费季节将改变(提示顾客可能需要应季的服装)；
- 品牌应季新产品到店(推荐主题商品系列)；
- 新季节里将要流行的消费趋势(引导款式/面料/色彩/主题设计/风格等消费趋势)。

商品陈列在常规的物理区域划分上分为橱窗陈列和货场陈列，这两个基本的设计区域在换季时期承担着不同的使命，存在着承接互动的关系。其中，橱窗换季陈列的设计主要目的是传递单向信息，而货场陈列的规划则主要是顾客购买。店铺换季陈列的任务如果分配到橱窗和货场两个部分的话，那么两者将有不同的功能侧重。

(1) 季节改变看橱窗

以季节为时间信号的时尚消费品市场，季节信号也意味着竞争的信号。以潮流为导向的商家，往往可以比自然时间更快地传递季节信息。季节变化对于人类基本社会行为的影响已经越来越小，但是季节对于服装零售的时间因素性影响依然显著。

时尚品牌公司的设计师和买手团队仍然以季节作为自己的日程表，以季节为时间基准安排工作计划，视觉形象部门也会首先根据季节时间因素制定视觉营销计划。

换季陈列的提前性表现为真正的时尚商品总是会领先于季节的变化。在大雪纷飞的新年过后不久，顾客就可以在巴黎名店街的橱窗中感受到春季时装的流行趋势信息。时尚往往领先于潮流，时尚产业的季节往往也领先于自然季节的时间表。以自然季节为参照，提前预演下一季的商品流行，体现着品牌对时尚潮流的引导能力和自信，也会在纷至沓来的橱窗换季高峰期之前首先树立起领先的形象。

(2) 橱窗换季看植物

橱窗换季主题的设计思路可以优先考虑将商品与季节属性明显的陈列道具相结合。道具选择优先考虑那些对自然季节变化最为敏感的事物——植物。最常见的植物道具是花卉和树木，其中又因花卉体积较小，易于做设计处理，所以更适合在橱窗换季时使用。而大型乔木道具的使用，往往必须变化形式才能解决体积的问题。

在植物道具选择上,陈列设计人员必须有一定的植物学基础常识,比如了解以季节作为生长周期的花卉有哪些,乔木有哪些,相应的花卉和乔木发源和迁移的生长地区在哪里等,掌握这些信息之后才能在相应的季节将恰当的植物道具使用到市场定位合适的时尚品牌橱窗中。

在道具形式设计上陈列设计人员必须考虑可执行性,并不是所有的自然植物都可以在有限的橱窗中呈现,但是陈列师的设计智慧可以解决这个问题。对于体积较小、方便购买的植物,可以使用真实道具,这也是效果最好的设计。对于体积较大、购买困难的植物道具,可以通过艺术化的模拟转换来演绎橱窗换季。

KOOKAI品牌用野花和干枯的藤蔓道具编织成的花盆,巧妙地演绎着冬去春来的季节过渡信息。植物本身的绿色与商品的颜色形成对比,突出商品主角又显得和谐。

StellaLuna的"后花园"主题设计采用的全部是高仿真花卉,为了产生更接近真实的"花园"效果,设计师专门购买了对应的香氛,要求店铺员工必须每天开业前喷洒,季节信息提示明确,衬托商品主角形象,塑造曼妙的购物氛围,深得女性顾客的芳心。

(3) 货场换季看组合

从橱窗到货场,顾客通过视觉经历了从梦想到现实的旅行。如果说橱窗的换季主题充满浪漫主义色彩,那么出于商业理性,货场陈列必须以现实主义为中心——突出新季节主推的商品主题系列。

店铺的引导区域和通透橱窗背景区域的商品,必须以同主题同系列的原则与橱窗主题相组合,切忌"橱窗里一派春光,货场望去满眼苍凉"。

商品换季时让商家头疼的问题是新旧货品的更替,往往是过季货品舍不得放弃主销位置,新季产品上市之前举步踌躇。商品的促销功能之一就是通过商品组合出样的周转变化,提高店铺整盘货品的存转率,在不同的时间推销不同的主力商品系列,让所有在销售计划中的商品角色都要有当主角的机会。在换季陈列时,应该将新品有计划地在不同时间内出样,伴随时间发展逐渐取代所有过季产品。过季产品在设计研发时一般也会考虑季节的产品过渡问题,这时过季产品也不要急于退出销售舞台,首先在橱窗主题更换的时候让出引导区和橱窗组合区,将店铺剧情的导演权移交给新季产品,有计划有批次地退出货区。

某运动时尚品牌在做夏季主推系列换季陈列时,在开放式入口的橱窗主题区用引导台的形式主推夏季的航海系列产品,最近的板墙货架则陈列同系列的主题产品,通过主题系列的货区组合,传递强势的新季产品主题信息。而货场内部则陈列有过渡性质的春季基础系列产品。

换季陈列的橱窗主题设计和货区组合的设计的最终目的,仍然是视觉营销的核心任务——达成销售。顾客在换季主题陈列的设计面前,最终的注意力和关注焦点都必须转移到商家计划推荐的商品上。结合(A. I. D. C. A)购买法则分析季节主题信息传递的功能,就可以一目了然地发现换季陈列的本质内容。

将所有的努力最终归结到商品本身的关键是从橱窗换季主题设计到货区组合,再到商品主推的视觉逻辑指向性要清晰明确。如果能够做到同系列同主题的货品与相应视觉主题区域紧密组合,就可以将顾客的注意力集中到这个主题上。

服装产品的季节属性表现为不同的季节有不同的款型和色彩特点，而款型和色彩特点是实战陈列手法的基础。简单易记的原则是：每次舞台上只出现1～2个被观众全神贯注盯住的角色，货场的每个有效购买视野里只出现1～2个被顾客全神贯注盯住的商品主角。大视野（货架组台或面墙）看色彩，小视野（面墙或货架局部）看款式。

店铺换季陈列设计的方法总结来说就是巧用道具、合理分区，可以通过橱窗季节主题演绎、货场季节主题产品组合和商品季节主角推荐的思路进行规划，在每个环节注意具体的操作执行方式，整体上实现主题统一的有机联系，并按照时间和空间安排商品展出的顺序和步骤，就可以在有限的换季时间内实现平衡的产品过渡和新品促销。

四、课后练习题

（一）简答题

1. 服装陈列展示的常见手法有哪几种，它们的特点是什么？
2. 请阐述MD、SD、MP之间的关系。
3. 请阐述VP、PP、IP之间的关系。
4. 如何进行换季陈列？

（二）案例分析

下面是某品牌橱窗的系列变化，请对其进行点评（如图7－16、7－17、7－18、7－19、7－20、7－21所示）。

图7－16 初秋图片

图 7－17　深秋图片

图 7－18　秋末图片

图 7－19　初冬图片

图 7－20　圣诞节图片

图 7－21　二月图片

单元八：陈列色彩搭配

一、学习目标

（一）能力目标

1. 能够按照色彩明度陈列搭配；
2. 能够进行彩虹陈列设计；
3. 能够进行琴键色彩陈列设计；
4. 能够进行多个模特之间的色彩搭配；
5. 能够为不同服装选择合适的色彩搭配技巧。

（二）知识目标

1. 熟悉色彩三原色、间色、复色；
2. 熟悉色彩原理：色相、明度、纯度；
3. 熟悉色相对比；
4. 熟悉色彩对顾客的情感影响；
5. 熟悉光源对色彩的影响。

二、任务导入

参观万达购物广场，通过各不同品牌的色彩搭配对服装商品色彩搭配陈列产生直观认识，并选取2～3个品牌专柜就色彩搭配进行评价并提出建设性意见。

注意：各位老师在学生考察前要选取不同种类服装（男装、女装、童装、正装、休闲装和时尚装）的几个具有代表性的品牌服装的陈列（便利店、标准超市、大卖场、百货公司、专卖店等）让学生进行分析，以了解各类服饰在色彩搭配陈列方面的特点。

教师可以选择当地的某家百货商场或专卖店作为此次任务的载体，请学生以小组的形式对任务载体服饰色彩搭配提出合理化建议。

三、相关知识

俗话说“远看色，近看花”，说的是当人们在远处看到一件服装时，最先映入人们眼帘的是服装的色彩，走近了才能看清服装的图案。科学家们还就色彩和形体做过一个实验：当人们观察一个物体时，在最先的几秒钟内，人们对色彩的注意度要多些，而对形体的注意度要少些。过一会儿后,人们对形体和色彩注意度才各占一半。

(一) 色彩与顾客情感的关系

色彩能够表达情感是它所特有的艺术表现方式。因此在设计中要准确地把握色彩给予人的心理感受,结合所要展示的服装风格,塑造出具有视觉美感和市场价值的服饰形象,引导消费者的购物心理。

服饰品牌要想取得市场的成功,顾客的消费心理决不能忽视。陈列空间在规划与设计中必须把消费者的消费心理作为重要的依据,决定了服饰色彩对整个陈列空间有着重要的制约作用,直接影响到消费者对商品的选择。陈列设计中的色彩属性是感性与理性的结合。消费者在购买商品的时候并不完全依靠理性的心态去进行挑选,如商品的功能、材质等要素可以通过理性的分析与判断,但是商品的色彩、风格等很大程度上取决于消费者的感性思维,所以在进行陈列的设计时,色调的选择是一项至关重要的任务,它是装饰购物空间的重要因素而且是对顾客情感认知的一种途径。

不同的色彩还能带给人不同的心理感受,如红色给人一种兴奋的感觉,蓝色则给人宁静的感觉。色彩的这些特性,使它在卖场陈列中起到重要的作用。

在进行陈列色彩学习的过程中,首先要掌握一些色彩的基本原理,然后了解服装陈列的色彩搭配。

(二) 陈列色彩基本原理

陈列的色彩变化规律是建立在色彩基本原理的基础上,只有扎实地掌握色彩的基本原理,才能根据卖场的特殊规律,灵活运用陈列的色彩变化规律。

1. 色彩名词

(1) 三原色、色相、明度、纯度

三原色:所谓原色,又称为第一次色,或称为基色,即用以调配其他色彩的基本色。三原色包括色光的三原色和颜料的三原色。色光的三原色指:红、绿、蓝三色。颜料的三原色指:红(品红)、黄(柠檬黄)、青(湖蓝)三色。将不同比例的三原色进行组合,可以调配出丰富多彩的色彩(如图 8-1 所示)。

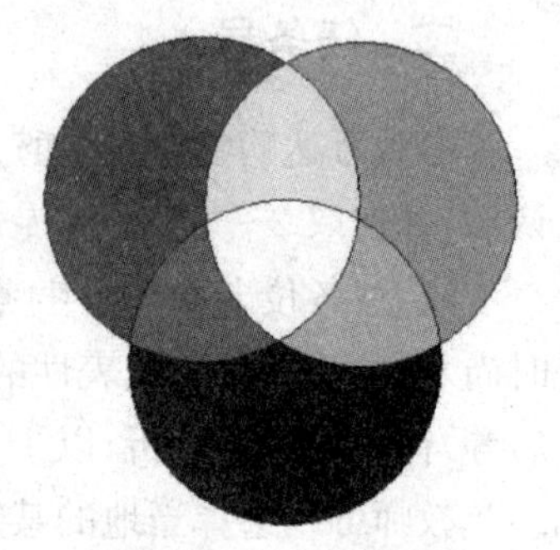

图 8-1 三原色

色相:色相是色彩的最大特征,指色彩相貌的名称。如红、橙、黄、绿、青、蓝、紫等。

明度:也称为光度、深浅度。明度是指色彩的明亮程度。如白色比黑色浅,明度就比黑色高。淡黄和大红相比,明度要比大红高。

纯度:色彩的纯度是指色彩的纯净程度。纯度越高,色彩越鲜艳。

(2) 冷色、暖色、中性色

根据色彩给人不同的冷暖感受,把色彩分为冷色、暖色和中性色。

冷色:给人清凉或冰冷感觉的色彩。暖色:给人温暖或火热感觉的色彩。中性色:也称无彩色，由黑、白、灰组成。

中性色常常在色彩的搭配中起间隔和调和的作用，在陈列中运用非常广泛。善于运用中性色，将对服装陈列起到事半功倍的效果（如图 8-2 所示）。

图 8-2　色彩要素

（3）类似色、对比色

根据色彩环上相邻位置的不同，一般分五种色彩：邻近色、类似色、中差色、对比色、互补色。在实际的运用中，一般把它分成两大类：类似色和对比色。也就是将色环中色相距离在 60°以内的色彩组合统称为类似色，色环中色相距离在 120°以上的色彩组合统称为对比色（如图 8-3 所示）。

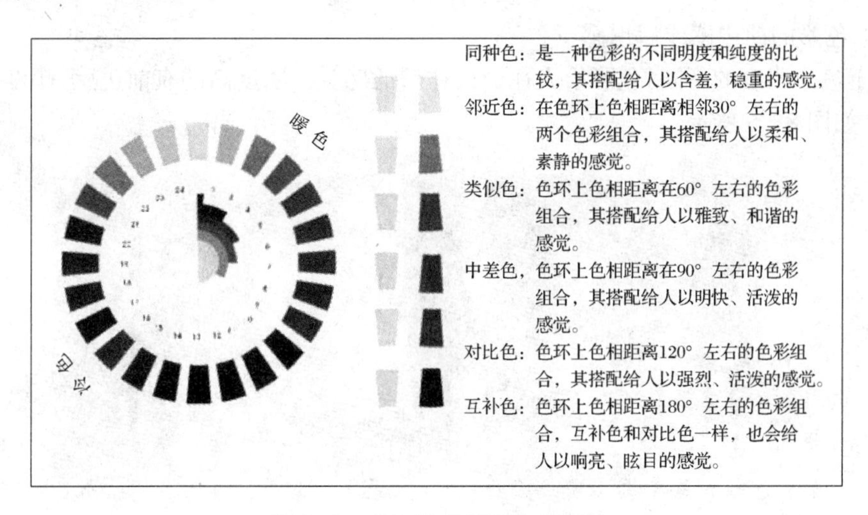

图 8-3　色环及色相对比示意图

2. 色彩感觉

掌握好色彩的搭配特性，可以在卖场中营造丰富的购物气氛，吸引顾客视线，调节顾客购物情绪。

（1）类似色和对比色感觉

类似色的搭配比较擅长制造柔和、秩序、和谐、温馨的感觉。对比色的搭配具有强烈的视觉冲击力，比较容易制造兴奋和刺激的感觉。

(2) 冷暖色感觉

暖色系会令人产生热情、明亮、活泼、温暖等感觉。冷色系会令人产生安详、沉静、稳重、消极等感觉。

(3) 明度感觉

明度高的色彩会给人轻松、明快的感觉;明度低的色彩则会令人产生沉稳、稳重的感觉。

(4) 纯度感觉

纯度高的色彩显得比较华丽,纯度低的色彩给人柔和、雅致的感觉。

(5) 色彩轻重感

在同样体积情况下,明度高的给人感觉较轻,有膨胀感,明度低的给人感觉较重,有收缩感(如图 8-4 所示)。

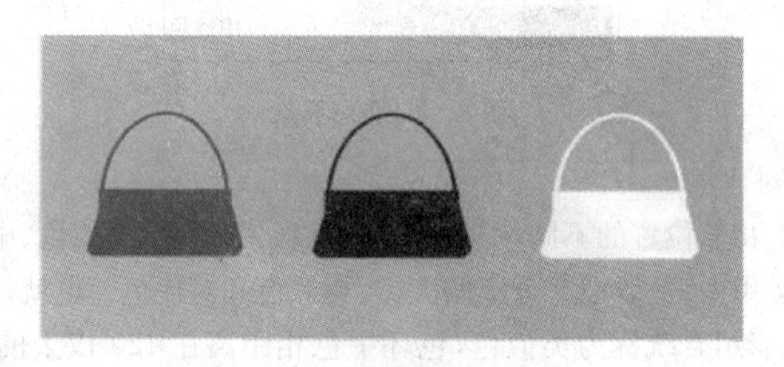

图 8-4 色彩轻重感对比示意图

(6) 色彩的前进感或后退感

由于色彩明度的不同,色彩给人往前或往后的感觉。明度高的有前进感,明度低的有后退感(如图 8-5 所示)。

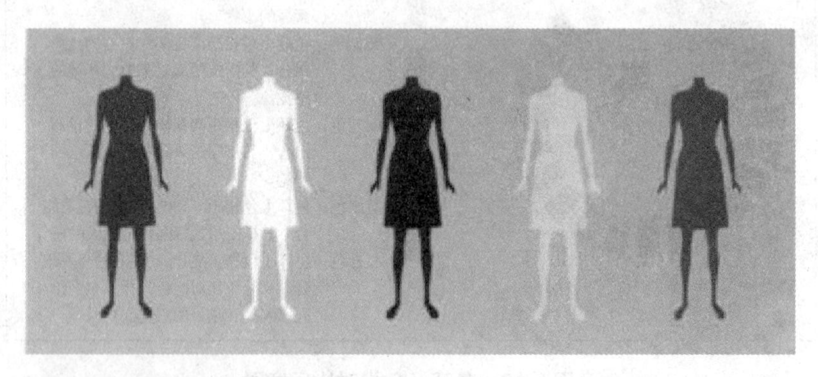

图 8-5 色彩前进感和后退感对比示意图

(二) 卖场色彩规划

一个卖场就像一幅画,要画好这幅画,首先需要确定这幅画的色彩基调,然后再进行细节的描绘。同样道理,卖场中的色彩布置既要重视细节,也要做好卖场整体的色彩规划。成功的色彩规划不仅要做到协调、和谐,而且还应该有层次感、节奏感,能吸引顾客进店,并不断在卖场中制造惊喜,更重要的是能用色彩唤醒顾客购买的欲望。一个没有经过色彩规划的卖场常常是杂乱无章、平淡无奇的，顾客在购物时容易产生视觉疲劳，没有购物激情。

卖场的色彩要从大到小进行规划：卖场总体的色彩规划——陈列组合面的色彩规划——单柜的色彩规划。这样才能既在整体上掌握卖场的色彩走向，同时又可以把握好卖场的所有细节。

卖场色彩规划按以下步骤进行。

1. 分析卖场服装分类特点

根据服装设计风格、销售方式、消费群的不同，服装品牌对卖场的商品配置都有不同的分类方式。卖场的商品配置分类通常按色彩、性别、款式、价格、风格、尺码、系列、原料等方法进行分类。不同的分类方式在色彩规划上采用的手法也略有不同，因此在做色彩规划之前，一定要清楚本品牌的分类方法，然后根据其特点再进行针对性的色彩规划。

(1) 按色彩或系列主题分类

按色彩或系列主题的方式分类，在陈列色彩组合中比较容易搭配。因为服装设计师在设计阶段就已经考虑本系列色彩搭配的协调性，陈列时只需按色彩搭配的一些基本方法去做就可以。

(2) 按类别及非色彩分类

这种分类法通常是按产品的类别、价格或规格进行分类。主要是考虑顾客购物时的第一衡量标准。如打折时，顾客首先关注的是价格，价格这时候成为购物的第一衡量标准，但问题是顾客考虑价格后，还要考虑色彩、款式等因素，所以我们同样还是要重视服装色彩的搭配。

这种分类法在色彩搭配上有一定的难度，有些服装色彩比较杂，色彩之间可能根本没有联系，特别是打折的时候。针对这样的情况，我们通常先进行大的色彩分类，如先分出冷色或暖色，或按色相的类别分为红、黄、蓝、紫等色系，然后再进行细的调整。一些不协调的色彩，可以放在正挂的背后，或采用中性色进行间隔；实在无法协调的色彩可以拿出去，单独归成一个柜；找出几种重点突出的色彩，加大其陈列面积。可采用正挂陈列，如果是挂多件服装的正挂通，应将它放在最外面的位置；或在侧挂中可以增加其出样数，以增加其色彩面积。这样由于色彩比例的不同，就在陈列面中形成一个主色调，并和其他色彩形成主次关系。

2. 把握卖场色彩平衡感

一个围合而成的卖场，通常有四面墙体，也就是四个陈列面。而在实际的应用中，最前面的一面墙通常是门和橱窗，实际上剩下的就是三个陈列面——正面和两侧。这三个陈列面的规划既要考虑色彩明度上的平衡感，又要考虑三个陈列面的色彩协调性。

卖场陈列面的总体规划，一般要根据色彩的一些特性进行规划。如根据色彩明度的原理，将明度高的服装系列放在卖场的前部。明度低的系列放在卖场的后部，这样可以增加卖场的空间感。对于同时有冷色、暖色、中性色系列的服装卖场，一般是将冷色、暖色分开，分别放在左右两侧，面对顾客的陈列面可以放中性色或对比度较弱的色彩系列。

另外要考虑卖场左右两侧服装明度的深浅，特别是在各系列服装色彩明度相差很大时就更要引起注意。陈列中必须把握左右的色彩平衡，不要一边色彩重，一边色彩轻，造成卖场左右色彩不平衡的局面。

3. 制造卖场色彩节奏感

一个有节奏感的卖场才能让人感到有起伏、有变化。节奏的变化不仅体现在造型上，不同的色彩搭配也可以产生节奏感。色彩搭配的节奏感可以打破卖场中四平八稳和平淡的局面，使整个卖场充满生机。卖场节奏感的制造通常可以通过改变色彩搭配的方式来实现，如可以将一组明度高的服装货柜和一组明度低的服装货柜在卖场中进行间隔组合，或有意识地将两组对比的色系相邻陈列，这些方式都可以增加卖场的活力和动感。

（三）卖场色彩的基本陈列方式

卖场色彩的陈列方式有很多，这些陈列方式都是根据色彩的基本原理，再结合实际的操作要求变化而成的。主要是将千姿百态的色彩根据色彩的规律进行规整和统一，使之变得有序列化，使卖场的主次分明，易于消费者识别与挑选。我们在掌握了色彩的基本原理后，根据实际经验，还可以创造出更多的陈列方式。

1. 对比色搭配法

对比色搭配的特点是色彩比较强烈、视觉的冲击力较大。因此这种色彩搭配经常在陈列中应用，特别是在橱窗的陈列中。

对比色搭配在卖场应用时还分为服装上下装的对比色搭配、服装和背景的对比色搭配。对比色搭配分为：

(1) 强烈色配合

指两个相隔较远的颜色相配，如：黄色与紫色，红色与青绿色，这种配色比较强烈。

日常生活中，我们常看到的是黑、白、灰与其他颜色的搭配。黑、白、灰为无色系，所以无论它们与哪种颜色搭配都不会出现大的问题。一般来说，同一个色与白色搭配时会显得明亮；与黑色搭配时就显得昏暗，因此在进行服饰色彩搭配时应先衡量是为了突出哪个部分的衣饰。不要把沉着色彩，例如：深褐色、深紫色与黑色搭配，这样会和黑色呈现“抢色”的后果，令整套服装没有重点，而且服装的整体表现也会显得沉重、昏暗无色。黑色与黄色是最抢眼的搭配，红色和黑色的搭配非常隆重，也不失韵味。

(2) 补色配合

指两个相对的颜色的配合，如：红与绿，青与橙，黑与白等，补色相配能形成鲜明的对比，有时会收到较好的效果，黑白搭配是永远的经典。

2. 协调色

协调色搭配其中又可以分为：

(1) 同类色搭配

原则指深浅、明暗不同的两种同一类颜色相配，比如：青配天蓝，墨绿配浅绿，咖啡配米色，深红配浅红等，同类色配合的服装显得柔和文雅，粉红色系的搭配让整个人看上去柔和很多。

（2）近似色相配

指两个比较接近的颜色相配，如：红色与橙红或紫红相配，黄色与草绿色或橙黄色相配等。不是每个人穿绿色都能穿得好看的，绿色和嫩黄的搭配，给人一种很春天的感觉，整体感觉非常素雅，淑女味道不经意间流露出来。

3. 类似色搭配法

类似色搭配有一种柔和、秩序的感觉（如图 8－6 所示）。类似色的搭配在卖场的应用中也分为服装上下装的类似色搭配、服装和背景的类似色搭配。

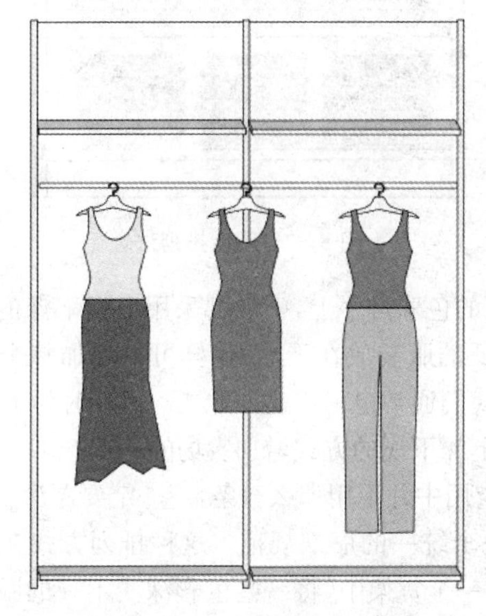

图 8－6　类似色搭配

对比和类似这两种色彩的搭配方式在卖场的色彩规划中是相辅相成的。如果卖场中全部采用类似色的搭配就会感到过于宁静，缺乏动感。反之，太多的采用对比色也会使人感到躁动不安。因此，每个品牌都必须根据自己的品牌文化和顾客的定位选择合适的色彩搭配方案，并规划好两者之间的比例。

4. 明度排列法

色彩无论是同色相还是不同色相，都会有明度上的差异。如同一色中，淡黄比中黄明度高，在不同色相中黄色比红色明度要高。明度是色彩中的一个重要指标，因此好好地把握明度的变化，可以使货架上的服装变得有次序感。

明度排列法将色彩按明度深浅的不同依次进行排列，色彩的变化按梯度递进，给人一种宁静、和谐的美感，这种排列法经常在侧挂、叠装陈列中使用（如图 8－7 所示）。明度排列法一般适合于明度上有一定梯度的类似色、临近色等色彩。但如果色彩的明度过于接近，就容易混在一起，反而感到没有生气。

明度排列法，具体有以下几种方式：

（1）上浅下深：一般来说，人们在视觉上都有一种追求稳定的倾向。因此，通常我们

图 8-7 明度排列法

在卖场中的货架和陈列面的色彩排序上，一般都采用上浅下深的明度排列方式。将明度高的服装放在上面，明度低的服装放在下面，这样可以增加整个货架服装视觉上的稳定感。在人模、正挂出样时我们通常也采用这种方式。但有时为了增加卖场的动感，也经常采用相反的手法，即采用上深下浅的方式增加卖场的动感。

(2) 左深右浅：实际应用中并不用那么教条，不一定要左深右浅，也可以是右深左浅，关键是一个卖场中要有一个统一的序列规范。这种排列方式在侧挂陈列时被大量采用(如图 8-8 所示)，通常在一个货架中，将一些色彩深浅不一的服装按明度的变化进行有序排列，使视觉上有一种井井有条的感觉。

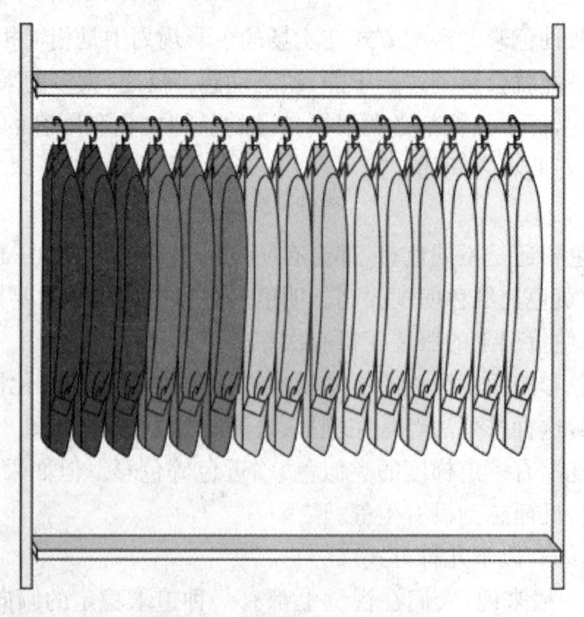

图 8-8 左深右浅明度排列法

(3) 前浅后深:服装色彩明度的高低,也会给人一种前进和后退的感觉。利用色彩的这种规律,我们在陈列中可以将明度高的服装放在前面,明度低的放在后面。而对于整个卖场的色彩规划,我们也可以将明度低的系列有意放在卖场后部,明度高的系列放在卖场的前部,以增加整个卖场的空间感。

5. 彩虹排列法

彩虹排列法就是将服装按色环上的红、橙、黄、绿、青、蓝、紫的排序排列,也像彩虹一样,所以也称为彩虹法,它给人一种非常柔和、亲切、和谐的感觉(如图 8－9 所示)。

图 8－9 彩虹排列法

彩虹排列法主要是在陈列一些色彩比较丰富的服装时采用的。不过,除了个别服装品牌,实际中我们碰到色彩如此丰富的款式在单个服装品牌中还是很少的,因此实际应用机会相对比较少。

6. 间隔排列法

间隔排列法又叫琴键色彩陈列,是在卖场侧挂陈列方式中,采用最多的一种方式,多在秋冬季节(常规色较多)和换季时节使用。这主要有以下几个方面的原因:(1) 间隔排列法是通过两种以上的色彩间隔和重复产生了一种韵律和节奏感,使卖场中充满变化,使人感到兴奋,如图 8－10 所示,就是典型的琴键色彩陈列;(2) 卖场中服装的色彩是复杂的,特别是女装,不仅仅款式多,而且色彩也非常复杂,有时候在一个系列中很难找出一组能形成渐变排列和彩虹排列的服装组合。而间隔排列法对服装色彩的适应性较广,正好可以弥补这些问题。

间隔排列法由于其灵活的组合方式和适用面广等特点,以及美学上的效果,使其在服装的陈列中广泛运用。间隔排列法看似简单,但实际中的服装不仅有色彩的区别,还有服装长短、厚薄、素色和花色服装的变化,所以就必须要综合考虑,同时由于间隔的件数的变化也会使整个陈列面的节奏产生丰富的变化。

我们介绍的是卖场中常规的色彩陈列方法,在实际应用中,必须根据品牌的文化、特性、款式、消费者等诸多因素进行灵活处理。

服装陈列的色彩搭配的最高境界是和谐。我们不仅要在卖场中建立色彩的和谐,还

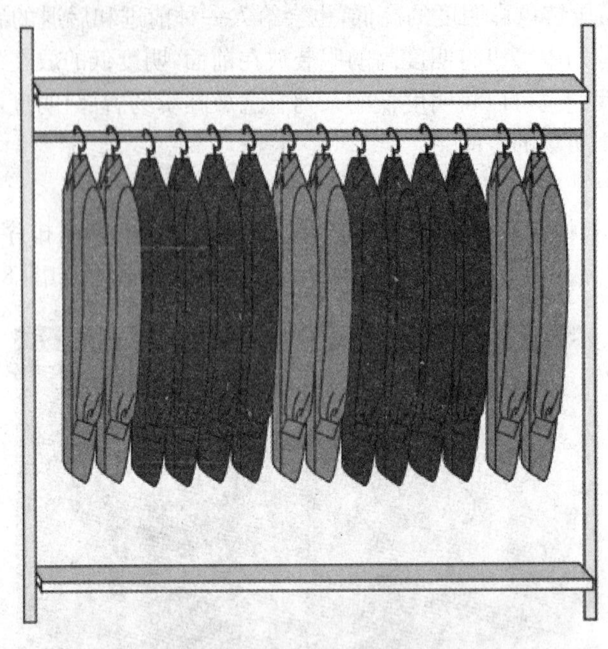

图 8-10　间隔陈列法

要和卖场中的空间设计、营销手段和导购艺术等诸多元素建立一种和谐互动的关系，这才是服装陈列真正追求的目标。

（四）不同种类服饰的陈列色彩搭配技巧

服装的陈列是以服装为核心展开的设计，各种因素都有可能在陈列中作为参考的依据，使设计真正围绕"以人为本"的表现形式而满足不同种类服饰的需求。

"进化论"作者达尔文在书中提到："从生物进化史上看，最终生存下来的并不是最强大或者最聪明的物种，而是那些最能适应外部环境变化的物种。"陈列设计是一门时效性很强的行业，要真正做到以最科学的方法和最快的速度把产品推向市场，这就要求设计师要有敏锐的观察力与时尚感知度。不同种类的服饰在风格、色彩、面料等各方面都有自身的特性，只有确切地了解并掌握其特点，将抽象的形式美与具象的服饰完美结合，才能在陈列中营造出主题鲜明的服饰形象，适应终端销售市场的竞争。

1. 男装品牌服饰陈列色彩搭配技巧

男装品牌的陈列应依据严格的规范标准进行设计，通过合理的布局与设计理念，尤其强调外观样式与实用功能的有机结合，达到稳重、成熟的视觉效果。

男装品牌的色彩应讲究陈列空间的整体性、秩序性、节奏性，避免过于花哨凌乱，容易给消费者造成视觉紊乱，影响品牌的销售。但也切忌过于整齐化与统一化，否则会产生呆板、沉闷之感，与消费者之间产生距离。

相对女装而言，男装品牌的服装色彩比较单一，因此要注意色彩之间的协调与搭配。色彩间隔法是男装陈列中运用比较广泛的设计手法，通过这种手法可以产生一定的韵律与秩序感，使整个卖场充满生气，引导消费者的审美情操，进而产生购买行为。此外以色彩的明度、色彩的渐变、色彩的对比等搭配原则同样在男装有较多的应用。在大面积中性色的陈列范围内加入有彩色比如围巾、配饰、帽子等进行调和,使整体看上去既有立体感又不缺乏整体性,通过这些细节表现出品牌的价值感。

另外比较重要的一点就是要突出品牌的主打色。一般而言,每一季新品服饰都会有一组主打色,以体现与流行趋势的关系,这是整个陈列空间的点睛之笔。因此要特别重视色彩的构图与搭配关系,可以通过正挂的方式以达到第一时间吸引消费者视线的目的。

2. 女装服饰品牌陈列色彩搭配技巧

女装风格多元化是设计与审美的发展趋势,在服装市场的潮流中,女装一直占据着主流地位。在女装品牌配置规划中,需遵循一个重要的原则:美感优先。这个原则其实就是从营销战略上重视女性的消费心理,因为女性在购物过程中,往往是一种感性的思维定势起到主导功能,服饰搭配的美感在购买的环节中占到很大的比例,而色彩就是实现感性消费方式的有力武器。

3. 童装品牌服饰陈列色彩搭配技巧

塑造童装品牌的过程中有两个目标市场不能忽视:儿童和家长。首先针对儿童的心理和生理特点直观表现出童装所特有的天真、活泼、跳跃等形象特征,同时家长对于儿童的情感关怀也是陈列的重要环节。

在童装的陈列空间内多采用生活化的场景布置来营造卖场的视觉氛围。明快、鲜亮的组合配置是童装陈列的重要选择,这种释放儿童天性的缤纷色彩能在第一时间内能吸引他们的视觉感官,激发他们潜意识的购物感知。此外可以通过生动的装饰陈设,结合道具的意象性与真实性,烘托卖场可爱、活泼的氛围。

4. 正装服饰品牌陈列色彩搭配技巧

正装的品牌精神旨在体现简洁实用大气、在展示中传达出隐抑含蓄的形象风貌。它注重于实用功能的特性,结合流行趋势,稳中求变,往往通过精湛的工艺和严谨的色彩及配饰来表现内在的本质。在正装品牌的陈列设计中讲究布局的均衡与对称,讲究品牌文化下的简约、精致风格以及完美品质的品牌情感。

正装品牌中主要以黑、白、灰三大色系为主,而同类色或者类似色的搭配形式在正装品牌中运用得比较广泛,所以易造成消费者对相对单一的色彩产生疲劳感或者注意力分散。为了改善这种视觉上的缺陷,对于同类色的搭配方式,可以通过间隔法的排列方式或者对比色搭配进行部分点缀,来营造出成熟庄重而不缺乏层次感的效果。对于类似色的搭配方式,要注意色彩明度的变化,以丰富陈列的视觉效果。

5. 休闲装服饰品牌陈列色彩搭配技巧

休闲装的款式多样化,并且面料也新奇复杂,色彩丰富多彩,给陈列设计很大的发挥空间,没有固定的规则与定律,但讲究整体搭配的舒适、随意。

在休闲装的陈列中,根据消费者求新、求异的审美需要进行新颖的搭配,客观地反映和迎合消费者的心理,引导时尚潮流通过设定焦点、渐变、反复以及平衡、层次等手法都可以获得风格各异的美感,更好地吸引消费目标群体。

6. 时尚装品牌服饰色彩搭配技巧

时尚是物质文明与精神文明发展的产物,它可以反映出一个时代的生活方式和审美倾向,并且具有不同时代的明显特征。在为时尚类服装品牌进行规划时,一定是形式与内容的高度统一，通过多种的表现手段使品牌形象鲜明而富有生命力，更好地突出形式美感与时尚的关系。

四、课后练习题

1. 色彩如何影响顾客的情感？
2. 什么是冷色、暖色和中性色？
3. 明度高和明度低的色彩各给人什么样的感觉？
4. 三原色指的是什么颜色？
5. 根据色彩环上相邻位置的不同，一般分哪几种色彩？
6. 女装品牌陈列在色彩搭配方面应注意哪些问题？
7. 什么是琴键色彩陈列法？
8. 男装品牌服饰陈列的色彩搭配技巧。

单元九：橱窗陈列展示

一、学习目标

（一）能力目标

1. 能够进行节日橱窗陈列；
2. 能够进行情景橱窗陈列；
3. 能够进行季节橱窗陈列；
4. 能够进行主体性橱窗陈列。

（二）知识目标

1. 熟悉橱窗的特征；
2. 熟悉橱窗的功能；
3. 熟悉橱窗的分类；
4. 熟悉橱窗灯光、颜色。

二、任务导入

参观万达城市综合体，考察不同品牌的当季服装专柜的橱窗设计，对服饰橱窗设计产生直观认识，并选取3～4个品牌专柜橱窗展示进行评价并提出建设性意见。

教师可以选择当地的某家百货商场或专卖店作为此次任务的载体，请学生以小组的形式对不同品牌和专卖店的橱窗展示提出合理化建议。

三、相关知识

橱窗是卖场和品牌的内涵表现，有人称为品牌的眼睛，是卖场内部商品的信息传达工具，作为点面的重要组成部分，它有着独特的艺术表现特征，起到了一定的传达品牌意念、诱导和吸引顾客的作用。

有效的服饰橱窗陈列包含对商品进行巧妙的布置、陈列，借助于展品装饰物和背景处理以及运用色彩照明等手段，或者利用立体媒体和平面媒体结合橱窗的空间设计，营造一种突出的视觉效果。

（一）橱窗的功能

橱窗是艺术和营销的结合体，它的作用是促进店铺的销售，传播品牌文化。因此，促销是橱窗展示的主要目的。为了实现营销目标，陈列师通过对橱窗中服装、模特、道具以及背景广告的组织和摆放，来达到吸引顾客、激发顾客购买欲望，从而达到销售的目的。

另一方面，橱窗又承担起传播品牌文化的作用。一个橱窗可以反映一个品牌的个性、风格和对文化的理解，橱窗正是一个非常好的传播工具。概括来说，橱窗布置对消费者的影响主要表现为以下的心理功能：

1. 引起注意的功能

心理试验表明，当消费者漫步在繁华的商业街时，即使是有明确购买目标的消费者，目光也常常是游移不定的。在走向目标商店的过程中，店门、招牌、橱窗等都在视觉之内，由于近距离观看，橱窗处于最佳视觉范围，所以最先引起注意。同时，橱窗内琳琅满目的商品对视觉器官的直接刺激作用大于门面的其他部位。因此，橱窗具有引起注意的主要功能。

2. 激发兴趣的功能

橱窗的商品展示就是给人们以“耳听为虚，眼见为实”的心理感受。展示商品的最大特点是在这一小范围内，以商品实物为主，配以特定的环境布景，创造某种适应消费者心理的意境，以达到宣传商品、引发消费者兴趣、促进销售的目的。再加上橱窗设计的艺术手法，既能使消费者感到使用时的情景，又能激发消费者的购物欲望。

3. 暗示的功能

心理学认为，暗示是指在无对抗态度的条件下，用含蓄间接的方式对人们的心理和行为产生影响。这种心理影响表现为使人们按一定的方式行动，或接受一定的信念。橱窗展示是使消费者接受某种销售暗示的有效途径。橱窗展示作为一种无声的暗示，对消费者的诱导在于意境的遐想。也就是通过橱窗布置的小环境，使消费者看后，能产生某种心理联想。如某鞋厂女式皮鞋的展示，橱窗背景是远眺的群山、绿树和缓缓流淌的小河，清清的河水中有两位窈窕淑女，手中各拿一双女式皮鞋正在过河。橱窗内得体地摆放着几双女式皮鞋，上边写着一行秀丽而醒目的行书“宁失礼，不湿鞋”。这一装饰或许有些夸张，但它暗示了一种舒适浪漫、回归自然的生活情趣和鞋对于妙龄少女的珍贵，也点明了此款鞋的使用对象。这一橱窗的展示效果极好。

（二）橱窗的特征

橱窗展示作为一种诉诸视觉感受的广告形式，其特征同看板、招贴等形式一样都是用具体的图形和形象来传达的。但不同之处是，橱窗展示不是平面化的符号和图案形象，而是立体化的形象，即通过实实在在的商品在三维的空间进行传达。因此，它可谓是一种最直接、最有效的广告形式。

其具备以下几个突出特征：

1. 实物性

橱窗展示是直接通过商品来达到广告效应的，因此，能更容易吸引顾客的注意力。俗话说：“百闻不如一见”，说明了眼看比耳听或传闻要可信，亲眼“目睹”的信息比较直接，也更真实。

所以，用实物来宣传商品，说明商品的特性比抽象的概念或图形符号更具说服力。消费者通过自己眼睛的识别，能主动地判断和选择自己钟情的东西，并且对购买行为更充满自信。

2. 立体性

橱窗展示是在三维空间里立体化地传达商品信息，这与平面型广告通过图形、文字、符号和音像型广告通过声音、图像来传达商品信息的方式截然不同，平面型和音像型广告虽然也是通过诉诸人的视觉或听觉来宣传商品，但却是在假设的二维空间里进行的。

立体化展示的特征在于人们可以通过远近、上下、左右的视线挪动，游历于展示空间中，通过角度和位置的变化，全方位地观看和感觉商品，从而可以对商品有更细致深入的了解。

3. 艺术性

橱窗展示是通过诉诸美感的形式来呈现的。无论商品本身的形状、色彩、质地如何美妙，如果没有好的展示形式，也很难给消费者完美的视觉感受。因此，这里的商品陈列，绝不是随心所欲地简单地堆砌和摆设，而是通过对商品自身特性的认识、了解，通过组合、配置、构图的形式，并借助背景、展具、装饰物、照明以及适合的广告主题来创造一种和谐统一、真实感人的气氛。因此，其艺术感染力不言而喻。

4. 科学性

现代橱窗的展示是运用新的观念和技术手段对商品的市场供求情况、消费者需求和消费心理演变情况进行认真细致的调查研究，然后做出判断，得出可靠的市场信息，在此基础上制定出销售计划和展示计划。最后展示、陈列出对应于市场需求和消费者的商品。这种以市场为依据、以策划为主导、以创意为中心、以促销为目的的方法和过程是富有逻辑性和科学性的。科学性是橱窗展示设计的基础，是橱窗展示能否取得成功的前提。

（三）橱窗的分类

1. 封闭式、半封闭与开放式橱窗陈列

从装修的方式上划分，橱窗可分为：封闭式、半封闭与开放式橱窗。

（1）封闭式橱窗陈列

封闭橱窗陈列多用于大型综合性商场，橱窗的后背被全部封闭，与营业空间隔绝，形成独特的空间，临街一方装玻璃，形成观赏窗口，侧面可以采用开门形式，便于工作人员进入整理和布置陈列商品。

这种构造形式完整性比较强，它与商场和顾客都进行了有效的隔离，而只是通过背景的烘托，等效的装饰与物品的摆放陈列手段得到舞台似的效果。

封闭橱窗的利用元素有几个方面：首先是背景，我们可以利用这一方面做整个陈列的平面展示部分，作为平面媒体传达信息，构成了前有立体，后有平面的交错展示空间效果；其次是灯效对封闭橱窗内进行照明和烘托气氛，渲染整个场景；再次是将封闭空间进行有效分割，进行不同方式的置景，构造服饰与道具、服饰与场景、服饰与气氛的舞台效果，成为街景中流动的广告片（如图 9－1 所示）。

图 9-1　封闭式橱窗陈列

(2) 半封闭式橱窗陈列

半封闭式橱窗陈列称为半开放式服饰陈列设计，是橱窗背面与卖场之间采用半通透式的形式，这种橱窗能够很好地使橱窗和卖场同时展示，应用的范围比较广泛，实施的方法十分灵活。

半通透样式的橱窗陈列从内外观看使得橱窗陈列让人感到内外似透非透，透中有隔，隔中不堵，加之现代陈列设计中应用的现代装修材料，例如先进有机塑料和透明、磨砂材质玻璃等的利用，在设计的应用手法上也采取了结构分割(包含横向分割、纵向分割等手法)等，强化了半开放的效果(如图 9-2 所示)。

图 9-2　半开放式橱窗陈列

(3) 开放式橱窗陈列

这种陈列方式在现代大小服饰卖场以及服饰专营店或者专柜都有采用,橱窗背景被全部取走,透过背景玻璃是卖场内部构造,也有的背景成半通透式,构成了背景加店内部场景的效果,此类橱窗陈列设计要考虑里外两面观看效果,设计的巧妙,对限制服饰品牌内部店堂,展示服饰效果和吸引顾客有很独特的作用(如图 9-3 所示)。

图 9-3 开放式橱窗陈列

2. 店头橱窗、店内橱窗与店外橱窗结合

从位置的分布进行划分,橱窗可分为:店头橱窗和店内橱窗。

店头橱窗一般设计在店面门口的一边或者两边,构成和店头结合的组合式宣传手段,是店头店名的配合烘托,现代陈列中常用主题场景和不同风格的道具装饰,构成服饰品牌的风格特征。

店内橱窗一般多指位于店铺内部,用于陈列当季新款的服饰。

(四) 橱窗展示的手法

1. 直接展示

道具、背景减少到最低程度,运用陈列技巧,通过对商品的折、拉、叠、挂、堆,充分展现商品自身的形态、质地、色彩、样式等(如图 9-4 所示)。

图 9-4　直接展示橱窗

2. 寓意与联想

运用部分象形形式，以某一环境、某一情节、某一物件、某一图形、某一人物的形态与情态，唤起消费者的种种联想，产生心灵上的某种沟通与共鸣，以表现商品的特性。

寓意与联想也可以用抽象几何道具通过平面的、立体的、色彩的表现来实现。生活中两种完全不同的物质，完全不同的形态和情形，由于内在美的相同，也能引起人们相同的心理共鸣。橱窗内的抽象形态造出一种崭新的视觉空间，而且具有强烈的时代气息（如图 9-5 所示）。

图 9-5　寓意与联想展示橱窗

3. 夸张与幽默

运用合理的夸张将商品的特点和个性中美的因素明显夸大，强调事物的实质，给人以新颖奇特的心理感受。通过贴切、幽默、风趣的情节，把某种需要肯定的事物，无限延伸到漫画式的程度,充满情趣,引人发笑,耐人寻味。幽默的橱窗展示可以达到既出乎意料,又在情理之中的艺术效果(如图 9-6 所示)。

图 9-6　夸张与幽默展示橱窗

(五) 橱窗设计与布置

1. 橱窗陈列设计的原则

在橱窗设计中,要注重普通的设计原则更要贴和服饰品牌的产业和行业特征来进行针对性的分析,这就构成了我们进行服饰橱窗陈列设计的基本原则,包含以下几方面。

(1) 消费者通过橱窗的路线分析原则

消费者和橱窗,一个是运动和行走的,一个则是不动和静止的。因此,在橱窗陈列设计过程中要充分考虑顾客在静止观赏和行走远近时候的最佳视线高度和落点,能在两种状态下达到服饰陈列最有效的效果。

远处的消费者能将视觉凝聚到橱窗内部的设计中和服饰上,就要求合理的光效或者场景设置主次分明,这是原则之一:当人们由远及近的时候,橱窗内部陈列的主要商品的整体与局部就要陈列显现出创意和与众不同,主题分明而简洁大方。除此之外,人们一般通过橱窗的时候还有从左右行走的方向性,或者由一定角度经过,这使我们如果进行橱窗的内部陈列和场景布置的时候,也要考虑人们不同方向而行的视线落点,形成正面、侧面结合的设计原则。

(2) 橱窗陈列与内部服饰品牌的风格呼应原则

橱窗是卖场的一部分,也是店铺内部服饰品牌的最集中体现的场所,因此它必须和店铺的内部陈列设计和内部服饰商品相一致、相呼应,从而形成一个整体效果。有些陈列设计师在进行橱窗设计的时候会割裂内部卖场的风格,将橱窗设计的复古而典雅,而内部却是现代感强烈的休闲、可爱服饰,这在某种程度上造成内外不一致的协调性差异,影响了风格一致和呼应原则。橱窗设计不仅是标识品牌特征的场所,更是展示内部商品风格的平台，所以内部陈列风格和橱窗陈列风格、内部服装风格和橱窗陈列商品一定要存在呼应关系和一致原则。

(3) 简洁而主体突出，鲜明而产品新颖原则

在惯有的思维中，人们喜欢把橱窗装饰的很丰富，希望把店内个性的和新颖的服饰都尽量展示出来，这样虽然外观看起来东西很多，但有拥挤之感，没有了重点和主体。

橱窗的主题一定要简洁鲜明，不能所有的内容都表现，这样反而不利于表达主题，必须用最简洁的陈列方式告知顾客所要表达的主题。

2. 橱窗的布置方式

(1) 综合式橱窗布置

综合式橱窗布置是将许多不相关的商品综合陈列在一个橱窗内，以组成一个完整的橱窗广告。综合式橱窗布置由于商品之间差异较大，设计时一定要谨慎，否则就会给人一种“什锦粥”的感觉。综合式布置方法主要有：

A. 横向橱窗布置

将商品分组横向陈列，引导顾客从左向右或从右向左顺序观赏。当展示同类服饰时，如都是上衣展示，通常使用这种方式。

B. 纵向橱窗布置

将商品按照橱窗容量大小，纵向分成几个部分，前后错落有致，便于顾客从上而下依次观赏。这种主要适合于整体装束的展示，从上到下可以依次展示帽子、上衣、下装、鞋，形成整体风格(如图 9-7 所示)。

图 9-7 纵向综合式橱窗

C. 单元橱窗布置

用分格框架将商品分别集中陈列，便于顾客分类观赏，多用于小商品中，如帽子、皮带、皮包等(如图 9－8 所示)。

图 9－8 单元综合式橱窗

(2) 系统式橱窗布置

大中型店铺橱窗面积较大，可以按照商品的类别、性能、材料、用途等因素，分别组合陈列在一个橱窗内，又可具体分为：

A. 同质同类商品橱窗

同一类型同一质料制成的商品组合陈列，如不同样式的棉质 T 恤衫橱窗。

B. 同质不同类商品橱窗

同一质料不同类别的商品组合陈列，如同一牛仔系列的服装，可包括上衣、裤子、裙子等，设在一个专门的橱窗。

C. 同类不同质商品橱窗

同一类别不同原料制成的商品组合陈列，如牛仔上衣、棉制上衣、真丝上衣等组合而成的上衣专门橱窗。

D. 不同质不同类商品橱窗

不同类别、不同制品却有相同用途的商品组合陈列的橱窗，如各式运动装的专门橱窗。

3. 专题式橱窗布置

专题式橱窗布置是以一个广告专题为中心，围绕某一特定的事情，组织不同类型的商品进行陈列，向媒体大众传输一个诉求主题。例如，节日陈列、丝绸之路陈列等。

专题式陈列方式多以一个特定环境或特定事件为中心，把有关商品组合陈列在一个橱窗。又可分为：

A. 节日陈列

以庆祝某一个节日为主题组成节日橱窗专题。如过年时,可在橱窗中放一些红色的喜庆服装,这样既突出商品,又渲染了节日的气氛(如图 9－9 所示)。

图 9－9　节日橱窗

B. 事件陈列

以社会上某项活动为主题,将关联商品组合起来的橱窗。如大型运动会期间,可设置运动装的专门橱窗。

C. 场景陈列

根据商品用途,把有关联性的多种商品在橱窗中设置成特定场景,以诱发顾客的购买行为。如将运动装穿在模特身上,摆放在橱窗中,可根据服装的适用性加上体育用品。比如展示的网球裙并相应地加上网球拍(如图 9－10 所示)。

图 9－10　场景橱窗

4. 特写式橱窗布置

特写式橱窗布置是指用不同的艺术形式和处理方法,在一个橱窗内集中介绍某一产品,例如,单一商品特写陈列和商品模型特写陈列等。

这类布置适用于新产品、特色商品的广告宣传,主要有以下两种形式:

A. 单一商品特写陈列

在一个橱窗内只陈列一件商品,以重点推销该商品,如当店铺要推出一款新颖时装时,就可将其单独陈列在橱窗中,重点推出,以吸引顾客(如图 9-11 所示)。

图 9-11 单一商品陈列橱窗

B. 商品模型特写陈列

即用商品模型代替实物陈列。服饰店大多采用实物陈列,如果用模型,则显出其特色,更能吸引顾客。可将要放于橱窗的服饰按一定比例缩小,模特的比例也缩小,将其缩小的服饰陈列于橱窗中,既显得服饰灵秀可爱,也显出店铺的特色。

C. 季节性橱窗陈列

根据季节变化把应季商品集中进行陈列,如冬末春初的羊毛衫、风衣展示,春末夏初的夏装、凉鞋、草帽展示。这种手法满足了顾客应季购买的心理特点,有利于扩大销售。但季节性陈列必须在季节到来之前一个月预先陈列出来,向顾客介绍,才能起到应季宣传的作用(如图 9-12 所示)。

图 9－12　季节性橱窗

四、课后练习题

1. 橱窗的功能。
2. 橱窗的展示手法。
3. 什么是综合式橱窗。
4. 什么是封闭式橱窗。封闭式橱窗的适用场合。
5. 阐述消费者通过橱窗的路线分析原则。
6. 什么是开放式橱窗。开放式橱窗的适用场合。
7. 详述特写式橱窗布置，并举例说明。

主要参考资料

1. 李卫华等,《连锁企业品类管理》,北京:高等教育出版社,2012。
2. 操阳,《企业连锁经营管理原理》,北京:高等教育出版社,2014。
3. [美]帕科·昂德希尔,《大卖场,摩尔改变生活》,北京:当代中国出版社,2005。
4. [美]帕科·昂德希尔,《顾客为什么购买》,北京:中信出版社,2004。
5. [美]贝恩·巴利,《商业中心与零售业布局》,上海:同济大学出版社,2006。
6. 刘超,《卖场选址与布局》,北京:中国发展出版社,2008。
7. 林正修,《零售业促销方法与案例》,北京:企业管理出版社,2006。
8. 王涛,《分类管理》,北京:中国社会科学出版社,2007。
9. 黄静、庞文富,《进军大卖场 88 问》,上海:上海远东出版社,2007。
10. 王蓁,《终端为什么缺货》,北京:清华大学出版社,2007。
11. 王蓁,《连锁发展攻略》,北京:中国农业出版社,2006。
12. 程莉、郑越,《品类管理实战》,北京:电子工业出版社,2006。
13. 刘永中、金才兵,《店铺销售的 7 个黄金法则》,广州:南方日报出版社,2003。
14. [日]甲田佑三,《卖场设计 151 诀窍》,北京:科学出版社,2005。
15. [日]加纳由纪子,《如何营造热卖场》,北京:中央编译出版社,2004。
16. 万典武等,《商业布局与商店设计》,北京:中国商业出版社,2004。
17. 侯吉建、袁东,《单店运营管理》,北京:机械工业出版社,2008。